给你的工作挠挠痒

GIVE YOUR WORK SOME HELP

李上卿 郭永杰 编著

哈尔滨出版社
HARBIN PUBLISHING HOUSE

图书在版编目（CIP）数据

给你的工作挠挠痒 / 李上卿，郭永洁编著.—2版
.—哈尔滨：哈尔滨出版社，2018.8
　ISBN 978-7-5484-4085-7

Ⅰ.①给… Ⅱ.①李…②郭… Ⅲ.①成功心理–通俗读物 Ⅳ.①B848.4-49

中国版本图书馆CIP数据核字（2018）第119003号

书　　名：给你的工作挠挠痒

作　　者：李上卿　郭永洁　编著
责任编辑：韩伟锋　任　环
责任审校：李　战
封面设计：李　品

出版发行：哈尔滨出版社（Harbin Publishing House）
社　　址：哈尔滨市松北区世坤路738号9号楼　　邮编：150028
经　　销：全国新华书店
印　　刷：哈尔滨市石桥印务有限公司
网　　址：www.hrbcbs.com　　www.mifengniao.com
E-mail：hrbcbs@yeah.net
编辑版权热线：（0451）87900271　87900272
销售热线：（0451）87900202　87900203
邮购热线：4006900345　（0451）87900256

开　本：787mm×1092mm　1/16　印张：14.25　字数：326千字
版　次：2018年8月第2版
印　次：2018年8月第1次印刷
书　号：ISBN 978-7-5484-4085-7
定　价：39.80元

凡购本社图书发现印装错误，请与本社印制部联系调换。
服务热线：（0451）87900278

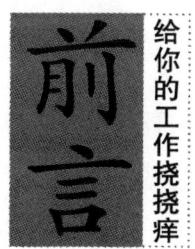

前言 给你的工作挠挠痒

为什么有的人可以在工作中获得乐趣，得到老板的赏识，可以在复杂的职场关系中游刃有余、自得其乐，而自己却不行？不能在努力之后就获得提升，不能在付出之后就获得机会，不能在关键时刻好好表现？是不是觉得工作了一段时间之后很不开心？是不是觉得自己没有得到应有的待遇？是不是觉得自己好像入错了行，以至于每天的工作都像一团乱麻、每天上班都是一种痛苦？是不是觉得自己费尽心思进入的公司其实并没有那么好？是不是觉得自己的工作是为生活所迫，其实根本就不适合自己？还有很多很多感慨，这些都是让职场人痛苦不堪的"工作之痒"。

有没有觉得自己在职场中打拼了这么久，可就是摆脱不了这样那样的困扰，比如跟老板、上司、同事或下属的关系处理得不好；工作中时常遇到棘手的问题；虽然努力工作了，但工作业绩就是无法提高；别人跟自己做同样的工作，干出的成绩也差不多，但别人却得到了老板的重用，自己内心很不平衡……这种种困扰让自己身心备受煎熬，想摆脱却摆脱不掉，想忘记却偏偏在工作中悄悄出现，一不小心，自己就会被这些困扰弄得筋疲力尽，可自己又无可奈何。这些工作之痒与自己如影随形，有时候甚至是步步紧逼，让自己无法正常工作，甚至无法正常生活。

生活就是这样，到处充满无奈，到处充满挑战，而这一切从踏入职场的第一步就已经开始，而且还会伴随着整个职场生涯，如果处理不好就会让自己感觉心里发痒，抓又抓不得，挠又挠不到，自己怎么努力也找不到解痒的办法，而这些工作之痒又时时刻刻都让自己坐立不安。

那么，究竟该拿这些工作之痒怎么办呢？难道就没有办法了吗？当然不是。《给你的工作挠挠痒》就如同一堂实用的职场培训课，正是这些问题的克星。在你认真读完本书之后，你就会发现，原来那些让自己吃不香、睡不好的问题竟然如此不堪一击，为什么自己就没有想到呢？这也正是本书的宗旨所在：让那些被困在工作中的无奈和疲惫的灵魂豁然开朗，从而"柳暗花明又一村"。本书针对各种工作中的困惑提出了相应的解决办法，还从根本上阐述了解决工作之痒的职场道理，提出了预防各种工作之痒的良方，进而让每一个有志向的职场人成为优秀的MVP（最有价值员工）！

工作不顺心了怎么办？工作不如意了怎么办？工作中被人算计了怎么办？想成为出色的MVP又该怎么办？一切皆源于自己。也许你还有很多疑问，还有很多困难，还有很多不能解决的问题，还有很多自己也不知道的不成功的原因，那就在书中寻找答案吧。

《给你的工作挠挠痒》从实际出发，告诉你如何解决工作中的种种困扰；怎样凸显工作价值；怎么发挥情绪效能；如何迎接挑战；怎么搞好人际关系；怎么提高工作效率……控制、培养、引导自己的情绪，工作就会更加顺利。《给你的工作挠挠痒》，让你引爆自己的情绪生产力，实现人生的飞跃！

任何身在职场中的人都会有困扰和痒处，也都希望得到解痒的方法，《给你的工作挠挠痒》正是可以满足大家需求的职场宝典。

第一章
为什么升职的不是我？

自己的业绩总是原地踏步　…2
只会做具体工作　…4
自己真的不行吗？　…7
不懂得什么是"聪明"　…11
领导总觉得我不行　…14
不知道自己要什么　…17
出错不敢说，不懂不敢问　…20
他人风光的背后　…23

第二章
工作中的种种困扰让人身心疲惫

说实话也是错　…28
上司的要求太过分　…31
我成了别人的垫脚石　…35
总是被人利用　…38
一不小心成了出气筒　…41
"红人"总是为非作歹　…44
职场政治让人筋疲力尽　…47
当受到年龄歧视　…50

第三章
这样的滋味让心里很痒

其实我加班比谁都多 … 56
高学历也没起到作用 … 59
吃苦却得不到回报 … 62
找不到最有力的武器 … 65
正直让自己不合群 … 68
是金子却不能发光 … 71
建议变成了"情绪化" … 74
总是被人取笑 … 77

第四章
光有才华不一定就能做好领导工作

领导照样被挤对 … 82
要懂得收服人心 … 85
他人的缺点不一定要攻击 … 88
搞清自己真正的利益所在 … 91
得让手下人佩服自己 … 94
正确使用手中的权力 … 97
多想着大家才会有好处 … 100
承担责任是发展的关键 … 103

第五章

小心职场"地雷"

在公司里畅所欲言　…108
说话不看气氛，请假不讲分寸　…111
一心做"心腹"　…114
在办公室随意开玩笑　…117
事事争先，锋芒毕露　…121
上班时间处理私事　…124
对别人的信任不负责任　…127
敢于和上司叫板　…130

第六章

我可以引爆情绪生产力

别让情绪为人所用　…136
想到上司我就想发火　…139
厌烦工作时我该怎么办　…142
自己没有那么差　…145
利用并控制好欲望　…148
掌控离职前的情绪　…152
自己为什么会愤怒　…155
优秀的员工从不抱怨　…158

第七章

简单几步理顺复杂的职场关系

同事就是自己的镜子　　　…164

抓住吃午饭的宝贵时间　　…167

注意自己的身份　　　　　…170

别妄想做上司眼里的完人　…173

搞好同事关系要把握"度"　…176

在流言面前寻找真相　　　…179

把握和领导之间的微妙关系　…183

在公司聚会上好好表现　　…186

第八章

第一时间成为优秀的MVP

自己具备升职的条件吗？　…192

抓住凸显自己的机会　　　…195

让学习补充自己　　　　　…198

工作效率该怎么提高　　　…201

这样让老板刮目相看　　　…204

破解加薪密码　　　　　　…207

团队永远在个人之上　　　…211

将MVP之路进行到底　　　…214

第一章

为什么升职的不是我？

当进入职场的新鲜感已经褪去，自己已经从一个新人逐渐在职场上有了一定的经验，对职场也有了一定的认识，是不是这个时候常常会觉得自己在工作中很不开心，有时候觉得自己入错了行，或者觉得自己没有得到应有的待遇，而且很多时候会觉得工作像一团乱麻，面对每天的工作都是一种痛苦。觉得其实现在的公司并没有当初想象得那么好，尤其是看到其他同事升职之后，更加觉得这份工作是当初因为生存压力而找的，实在不适合自己。自己不能在现在的工作中找到自我的价值，领导看不到自己的能力，总觉得自己不行。一到有了升职的机会，自己总是和它无缘。工作除了给自己带来每个月的薪水之外，什么都没有，更不要说其中的乐趣了。于是就开始变得烦躁不安，失去了工作的热情，于是想换个工作，换个环境，重新开始。

这一切究竟是因为什么呢？难道换工作就是解决问题的真正办法吗？当然不是。其实，很多问题都在自己的身上，只不过你自己没有发现而已。所以当别人兴高采烈地升职到新的办公室开始新阶段的工作时，你只能在那里看着人家的幸福，感叹着公司的各种对于自己的不公，却没有仔细考虑问题出在了哪里，没有想想别人风光的背后究竟有什么东西，没有找出自己不能升职的真正原因。那什么是自己不能升职的真正原因呢？

自己的业绩总是原地踏步

职场上最不能让人容忍的就是业绩总也不能有所突破，一直在原地踏步，这也是影响升职的重要因素。试想，一个人总是在一个地方不停地走，可最终却没有前进一步，这就相当于物理学里所说的"无用功"，这也正是职场的大忌。如果你只想做一个职场凡人，不希望自己过得更好，那么这样的情形还可以理解，但是如果你一直希望自己在公司里有所建树，能够有朝一日成为公司的栋梁之才，那么你面临的问题就严重了。而且有时候就连你只想做个"凡人"都已经很难了。

小王和小李两个人是大学同学，毕业后同时来到了一家广告公司工作。刚开始的时候，两个人工作内容一样，都是公司的业务员，每天上下班都在一起，住宿也在一起。可是，一个月后，情况发生了变化，小王做了一个大单子，拉到了一个很大的客户，这让小王不仅仅在工资上的收入远远超过了小李，而且领导对待小王和小李两个人的态度也有了很大的不同。看到这样的情况，小李心里很不是滋味，暗下决心要超过小王。于是小李更加努力工作了，每天起得更早，在单位拼命地打电话，就是希望有一天也可以签到一张大单子，让自己在公司的地位重要起来。可是事情就是这样要和他开玩笑，虽然经过了更多的努力，但是小李的工作并没有什么起色，虽然也签了几张单子，但都是很小金额的，几张单子加起来还不到小王一张单子十分之一。

又一个月过去了，小王也不知道用了什么办法，又签了一张大单子，这下更让领导对小王刮目相看了。不但大会小会上点名表扬，而且公司的很多项目都让他参加，当然工资方面更是让人羡慕了。这一下小李更加着急了，可自己无论怎么努力也不能让业绩进步，这让小李吃不好睡不好。转眼三个月的试用期就到了，小王由于工作业务出色，被调到了公司的核心部门工作，小李勉强通过了试用，只能在原来的工作岗位上做一个业务员。

很快就到年底了，在年终庆典上，小王再一次被当做工作典型受到了领导的大力夸奖，而小李则坐在角落里品尝着失落的苦果。虽然这半年多时间里，小李一直努力工作，可是业绩就是上不去，这也让小李百思不得其解，小李甚至觉得自己的运气太差了，就是找不到大客户，就是不能签到大单子。小李想，也许是自己不适合做这样的工作吧，干脆换个工作算了。

看到角落里一脸落寞的小李，小王走了过来，对他说："其实你很有能力，只是你的工作方法有些不对，所以你才没有达到你想要的目标。我这半年多的工作经验告诉我，一定要找到适合自己的方法，才会达到自己的目标。你的业绩其实也不错，只是你没有好好利用手里的资源，没有充分开发客户的潜力，所以你才失去了抓住大客户的机会。一个人要学会利用转瞬即逝的机会，才能够获得好的成绩。不过话说回来，要抓住机会也不是很容易的事，如果还没有作好准备的话，就要从头做起。比如你可以将手中的客户资源进行整理，然后将这些资源分门别类，根据客户的实力和需求给他们量身制订发展方案，然后再向客户提出你的建议。如果客户对你的建议有兴趣的话，那么就离成功更近一步了。然后就要充分发挥专业特长，将客户的希望融入到工作当中，逐步获得他们的认可。不要害怕自己的付出会付诸东流，只要你功夫到了，总会有不同的收获的。即使客户没有和你签下业务合同，也会在感情上建立起一定的联系，这也是日后工作成功的基础。我就是这么做的，所以才会逐渐结识了那么多的客户并和他们成了朋友。其实很多工作不仅仅是在办公室里完成的，而是在工作之外完成的。"

原来是这样啊！听了小王的话之后，小李才明白为什么自己的业务成绩总是没有起色，虽然自己也一直努力打电话，努力建立业务关系，但最终都没有好的结果，原来是自己只是把工作当成工作了，没有照顾到人的感情方面。客户也是人，也需要感情的培养啊。原来自己工作的时候，只是做一些有礼貌的业务活动，并没有关注到客户其他方面的需求。试想，如果自己将客户发展成朋友，那么还有什么事办不成呢，更何况自己所做的事其实都是客户需要的。从那以后，小李一改过去的工作方式，开始将自己从小王那里学来的经验用到工作之中：客户非工作的合理要求其实是建立与客户之间良好关系的开始，比如帮客户做一些自己力所能及的事情；在客户及其亲人具有特殊意义的日子里送上自己的祝福；在客户到自己所在城市出差时见个面吃顿饭；在自己去旅游或出差的时候买一些有意义的纪念品送给客户，让他们感受到自己对他们的关心……

经过一段时间的努力，小李终于打开了工作局面，签了好几个大单子，这让小李更有信心了，工作也更加努力和顺利，并且逐步成为了公司的业务精英。

从小李的身上，我们看到很多职场人的缩影：这些人工作努力，认真肯干，不怕吃苦，但是工作成绩就是上不去，业绩总是在原地踏步，有时候甚至产生了错觉，认为自己入错了行、选错了工作。其实不过是自己的工作还不到位。无论哪个行业，只有抓住了工作的精髓，只有方法正确了，才能在工作中取得好成绩，而不是只会在别人升职的时候眼睛发痒了。

只会做具体工作

踏实是件好事，但是一个人只知道踏实而没有创新和进取，那么就不见得是件好事。现在的社会实际情况是，如果一个人被周围的人说成是"老实、踏实"并不一定就是代表这个人有多么优秀的品质，在一定程度上还代表了这个人有一点儿迂腐和落后，有一点儿不合时宜，甚至还有一点儿"不大灵光"的意思。所以对于一个在职场打拼的人来说，如果平时总是踏踏实实，只知道踏实工作的话，那么离这样的情景就不远了。

现代社会的快速发展和进步源于对创新的不断追求和开发，这也是社会进步的必要条件。其实，创新不仅是社会发展进步的动力，也是一个人发展和提升自我的源泉。如果没有了创新和进取，即使做再多的具体工作，即使工作中再如何地踏实和努力，都不会有更大更高的成就，就像下面故事中的张军一样。

大学毕业后，张军凭借着优异的专业成绩被一家国内知名的网游公司录用，成为了一名网络游戏软件开发工程师。张军对自己的这份工作十分满意，因为工作中不需要跟很多的人打交道，这也是张军最喜欢的。从小到大，张军都是一个规规矩矩的孩子，从来没有做过让父母不放心的事，学习成绩也一直是班级的前几名，是老师眼里的好孩子，是邻居家长教育自己孩子的榜样，这些让张军习惯了自己的生活和工作方式。自从工作后，张军就踏踏实实，从最底层工作做起，每天都认真面对。他的这种工作态度很快就得到了大家的认可，他很快就从一个小小的程序开发员升到了工程师的职位。可是自从成为了软件工程师之后，张军的工作反而没有以前出色了，本来以为有了更好的职位和更大的空间，可以发挥自己更多的技术优势，然而事实却让张军十分困惑。虽然自己还和以前一样兢兢业业、踏踏实实，但是工作总没有什么起色，自己的部门也和其他部门拉开了差距。这一切都让张军十分不理解，自己究竟是什么地方做得不对呢？为什么和自己一起升职的那几个工程师都先后成为了公司主要部门的负责人，而自己依然是个工程师，依然在原地踏步呢？自己的专业水平不比他们差啊，而且自己的踏实认真的工作态度也没有谁可以超过的啊，可是为什么自己就是没有其他几个人工作顺利呢？带着这些疑问，张军找到了自己的上司，希望好好儿和他谈谈自己的想法。

当张军把自己的想法和李经理说了之后，李经理对他说，其实自己正要和张军谈这个问题。李经理告诉张军，其实他不是不行，只是工作的方式需要改变。

"你是一个踏实肯干的年轻人，这一点没有人置疑。但是你的工作方式只有这一种，这在工作中就难免显得有些不足。当然，踏实肯干，把具体工作做好是最基本的，但是这也只能是最基本的。对于一个普通员工来说，踏踏实实地做好具体工作就够了，但是对于一个工程师来说，这就显得有些不足了。因为工程师和普通程序员的工作是有区别的，工程师更多的是需要在一定的高度上对游戏进行开发和创新，如果你还和以前一样只是做具体的工作，那么就没有了创新和发展，这对于网游行业来说是最致命的，这也正是你这么久以来工作没有起色的原因。你看其他几个和你一起升职的工程师，他们不是有十分新颖的创意，就是有大胆的设想，这才是网游行业真正需要的。我看你还是在这方面总结总结自己的不足吧，相信你会有所进步的。"

听李经理说完，张军恍然大悟，原来自己这么长时间以来只知道做具体工作，只知道把现有的工作做好，却没有想到将来应该做什么、怎么做，也没有创新意识，所以才会在工作中有这样的境地，这是自己的问题啊。想到这些，张军决定认真检讨自我，找出不足，尽快弥补。对于这样一个行业来说，需要的不仅仅是踏实吃苦的精神，更多的还要有创新意识和创新能力。而自己恰恰就是一个只顾踏实工作的人。

找到原因之后，张军逐步改变了原来的工作方式，开始尝试更多的新想法和新创意，并且不断地从同行业的佼佼者当中学习先进经验，多方面研究那些受欢迎的网游开发创意，大量地涉猎天马行空式的网络读物和网络游戏。就这样，经过一段时间的学习之后，张军逐步了解和掌握了业内的先进技术，同时打破了自己墨守成规的工作方式，多多听取别人的意见和建议，尤其是年轻人的建议，并把那些具有创新意识的想法用到实际的软件开发当中。一段时间之后，张军终于开发出了一款全新的网络游戏，而且得到了公司领导的一致认可。张军也因此成为了公司的部门经理，工作更加出色了。

很多人和张军一样，每天都在踏踏实实地工作，把手中的工作做到了几乎完美的地步，但是并没有为自己带来更多的收获。其实原因很简单，只会踏踏实实地工作还不够，如果想在职场上有所作为，就应该有创新意识和创新行动。因为现在的社会是一个不断发展创新的社会，无论哪一个行业，都需要不断地自我完善和创新才能够发展下去，这也正是每个行业都需要创新型人才的重要原因。一个只会踏实地做具体工作的人，是不可能得到更多的机会的，当然也只能看着别人的成功心生羡慕了。

自己真的不行吗？

常言说得好"金无足赤，人无完人"，每个人都有缺点，没有谁可以做到完美，生活中是这样，工作中也是一样。身在职场，如何认识自己的不足，如何面对自己的不足，如何弥补自己的不足，这是关系到自己职业生涯的重要一环。无论什么时候，克服缺点都是走向成功必须逾越的鸿沟。如果你的缺点不是很明显，也许还无关紧要。但是，如果你的缺点已经成了你前进的绊脚石，那么就必须要深刻认识、正确处理它，只有这样，才会让自己的职场道路更加平坦。

但并不是改正了缺点就可以做到成功，成功有很多因素，比如耐心地等待机会的到来。从张宝的事例中我们可以看到，等待是一种可以让自己沉下心来思考的方法，是可以让自己在认清自我之后迈向成功的过渡。有很多时候，等待可以让一个人耐得住寂寞，最终得到属于他的那一刻。在那样的时刻，没有谁向他们保证将来一定会功成名就，而他们却依然选择等待，选择坚持。

张宝是一家机票代理公司的老板，他现在有两家分公司，每天的营业额都有上万元，这对于一个曾经身无分文的人来说，可以算得上成功了。其实就是在北京这个大城市，张宝的收入也算得上小康了，而且公司里的职员都很喜欢他，工作也都很卖力，这让张宝十分欣慰。可是张宝几年前刚来北京闯荡的时候，情况却大大的不同。

张宝中学毕业后和哥哥一起在老家开了家装修公司，虽然生意不太好，但是糊口却是没有问题的。可是这样的日子过了没多久，志存高远的张宝就想到大城市闯一闯，于是他离开家乡，在同学国平的介绍下来到了北京，在一家机票代理公司工作，每天打电话到处推销自己和各种机票。张宝很聪明，很快就掌握了繁琐的订票业务，对于国际机票的转乘线路了如指掌，于是业务成绩也逐渐上升，和客户的关系也越来越稳定。

一年之后，张宝萌生了自己单干的想法，原因很简单，自己已经具备了单干的条件，而且同学国平已经开始单干并且取得了很好的成绩，这对张宝刺激很大。都是一样的同学，他能行，自己也能行。于是张宝毅然离开公司，开始了"单飞"。然而，张宝没有想到的是，单干原来有这么多的麻烦。不仅仅是和客户打好关系就行了，自己和员工之间也要处理好各种关系，这让张宝十分头疼。他是个急脾气，什么事都忍不住要发火，如果哪个员工做不到自己要求的那样，就会火冒三丈地骂一顿，这让他手下的员工十分难受，很多人都忍受不了他的臭脾气而辞职了。于是张宝只好再招新人，可新人的培养要花费很长的时间，而且一旦新人培养好了，就忍受不了他的脾气而离开。就这样，张宝的公司陷入了一个恶性循环中，很长时间都没有什么起色。眼看着自己多年的积蓄就要耗尽了，张宝开始变得不安起来，可是越是不安越是脾气大，生意越是不好，虽然想尽了办法，每天加倍的努力，可是公司就是不见起色。后来，张宝甚至觉得自己"不行"了。

他的同学国平看到这种情况，找到张宝，认真和他分析了现状，指出了他的不足：脾气太大，性格太急，和员工关系紧张。听了国平的建议，张宝开始反思自己的不足，找到了自身的缺点并且马上开始改正，工作时尽量控制自己的脾气，逐步缓和与员工之间的关系。经过两个多月的努力，张宝和员工之间的关系逐渐进入了正常化，新员工也不像以前的那些人那样害怕张宝了，公司逐渐有了起色，张宝的信心又回来了。

然而事情远没有想象中那么简单，就在张宝的公司开始有起色的时候，"非典"来了。张宝的公司是依靠旅游业发展而获利的，"非典"的到来让北京的旅游业遭受了沉重的打击，而张宝就是这个打击中间接的受害者。原来依靠国际旅行客人而生存的公司，现在不得不改变策略，转做国内市场，但国内市场依然不景气，公司已经走到了破产的边缘。就当张宝考虑是否结束公司的时候，国平对他说："机会总是会来的，这样的情况对于我们这样的公司来说是挑战，同时也是机会。这样的情况很快就会过去，政府有能力解决一切，很多公司都坚持不下去解散了，而我们如果能坚持下去，等待新的机会到来，到时候肯定会有意想不到的收获。"

就这样，张宝坚持到了"非典"之后，情况果然有了变化，公司不仅逐步走上正轨，并在不久后获得了很好的成绩，甚至还开了家分公司。正是忍耐和等待让张宝在第一时间抓住了好机会，虽然后来很多解散的公司重操旧业，但是他们错过了最佳时机，已经被张宝远远地落在了后面。

现实总是残酷的，这句话很多人都说过，但并不是所有说过的人都能懂得其中的道理。很多时候，我们会遇到一些不公平的事情，比如工作努力了却没有得到回报，升职的时候没有自己，而是那个不如自己的家伙做了自己的领导。其实这些时候，安心等待才是最好的办法，这个时候，人更需要一点儿耐心和信心，才会支撑自己走下去。从古至今，很多人都是经过耐心的等待而最终获得回报的,越王勾践等待过,汉武帝刘彻等待过,张艺谋等待过,周润发等待过,陈建斌等待过,刘德华等待过,王菲等待过,冯小刚也等待过……而如今,我们只看到了他们的功成名就,我们是否看到这些人当初的等待和耐心呢?你可曾想到汉武帝忍气吞声的样子?你可曾想到诸葛亮手不释卷地苦读,默默等待机会的到来?你可曾看到陈建斌身着小兵的服饰跑龙套?还有那么多那么多的人在成功之前都曾有过一段低沉苦闷的日子,都曾有一段几乎是借酒浇愁的无奈和为了生存而挣扎的窘迫。这些人就像现在的很多职场人一样,在他们一生中最灿烂最美好的日子里,渴望着生命中的成功,但却一直两手空空,不能如愿。

而在实际工作中,由于很多原因,在很多时候,你是不是也和张宝一样,觉得自己不行了,觉得自己坚持不下去了,觉得自己已经到了忍耐的极限了,觉得自己已经无法忍受现在的默默无闻了,觉得自己就是这个样子了,没有机会了?这是长久困扰职场中人的问题,也是我们每个人都要认真对待的问题,如果考虑到自己职业生涯的长久规划,这是一个躲避不了的问题。

其实,不是你"不行",而是你没有等待的决心和毅力。职场中,如果你觉得自己"不行"了,就要仔细思考,自己究竟是因为什么不行了,是因为自己没有能力,没有技术,还是因为自己没有耐心,没有毅力,没有认清事物本质?不要一味地认为自己"不行",其实你不是"不行",而是你坚持得"不行"、努力得"不行"而已。

不懂得什么是"聪明"

聪明是件好事，但是过于聪明未必就是好事。一个人如果害怕自己成为别人眼中的"傻瓜"而一味地追求聪明，往往会追求过了头，最后让自己受到伤害。人的聪明是和社会相适应的，如果超过了这个限度，变得八面玲珑、聪明无比也不一定就会感到幸福，甚至还会感到痛苦。凡事都有个限度，过了这个度，也不见得就是好事，所以中国有句古话叫"过犹不及"，说的就是这个道理。

庄子曾经对于世界进行过这样的描述：最初的世界一团混沌，没有什么聪明与不聪明之分。后来，世界开始发生变化，有了两个孔，于是就有了眼睛，可以看到东西，世界变得"明"了。再后来，世界有了耳朵，能够听见声音，变得"聪"了。可见，"聪明"就是能够看得清、听得真。但问题也来了，很多人觉得自己仅仅是看得清、听得真还不够，还需要更深层次的聪明，需要能够洞察世界，需要能够聆听一切声音，甚至是人的心声。所以，人们开始想尽办法让自己变聪明。于是就发生了各种"聪明反被聪明误"的事情，三国时期的杨修就是这样的典型。

在《三国演义》中，杨修是个人才，这是毫无疑问的。这个人才思敏捷，聪颖过人，能言善辩，恃才放旷，用现在的话来说，属于知识分子当中的精英人物，所以杨修得到了曹操的赏识和器重。曹操很喜欢他，让他做自己智囊团的高级谋士，委以主簿之职，可以说是智囊团的骨干力量，是曹操身边的一位重臣。然而，杨修最后却被曹操随便找个借口杀掉了，原因就是杨修这个人过于聪明反误了卿卿性命。

关于杨修，有几个事件，在这几个事件之后，借"鸡肋"事件曹操终于受不了杨修的聪明将他杀了。

第一个是"阔门"事件。一次，曹操命人造一座花园。花园竣工后，曹操来视察。曹操看完之后，没有说什么，而是在花园的门上写了个"活"字，然后就走了。所有的人都不知道这是什么意思，也不敢乱猜。这时候，杨修说："门里面添一个'活'字，就是一个'阔'字。看来丞相觉得花园门太小了，要'阔'才行。"于是建筑工人连忙将花园门扩建。改好之后又请曹操来视察，这一回曹操很满意，于是就问："是谁知道我这个想法的？"大家连忙回答说："是杨修。"于是曹操心里很不痛快。

第二个是"一合酥"事件。一天，有人向曹操进献了一盒点心，曹操就在点心盒子上面写了"一合酥"三个字，然后把点心放在了桌上。这时候刚好杨修来见曹操，看见桌子上的点心和"一合酥"三个字之后，就将点心分给大家吃了。后来曹操问他为什么把点心分给大家吃了，杨修说："点心盒子上明明白白地写着'一人一口酥'几个字，这是丞相的命令，我们怎么敢违背呢？"曹操听后，心里更加不痛快了。

第三个是"梦杀侍卫"事件。曹操经常担心身边的人加害自己，于是经常吩咐身边的人说："我这个人好在做梦时杀人，所以我睡着的时候，你们不要靠近我。"一天，曹操睡觉的时候，故意蹬开被子，一个侍从连忙过去把被子捡起来给曹操盖上。就在这个时候，曹操忽然从床上跳了起来，拿起剑将那个侍从杀死了。然后接着躺到床上睡觉。睡醒之后，看见侍从被杀，还假装说："是谁杀死了我的仆人？"当别人告诉曹操说是他自己杀死了那个人的时候，曹操还假装十分痛苦，然后让人将那个侍从厚葬了。于是，大家都相信曹操在睡觉时会杀人了。只有杨修明白曹操的心思，于是在埋葬那个侍从的时候说："丞相根本没在睡梦中，只是你在梦中啊。"曹操知道之后，对杨修更加痛恨了。

第四个是"鸡肋"事件。曹操出兵攻打刘备，然而作战失利，曹操想退兵，又怕遭人耻笑，不退兵，又没有新的进展，正犹豫不决的时候，厨师送来了一碗鸡汤，里面有一根鸡肋骨。这时候，正好夏侯惇来请示曹操当天晚上的夜间口令是什么，曹操随口说"鸡肋，鸡肋"，于是夏侯惇就把"鸡肋"这两个字当作夜间口令传令下去了。杨修在听到这个口令之后，明白了曹操的心思，知道曹操肯定会在不久后退兵，于是就告诉身边的士兵赶紧收拾行装准备退兵。杨修的举动很快被人告诉了夏侯惇，夏侯惇十分吃惊，连忙找到杨修问他这是为什么。杨修告诉夏侯惇："丞相说口令是'鸡肋'，说明丞相不久就要退兵了。鸡肋这个东西，吃它吧没有肉，扔了吧又有点可惜，正和现在的战事是一样的。退兵害怕别人耻笑，不退兵又没有什么收获，还不如趁早退兵。所以我们现在收拾行装准备退兵，以免丞相的退兵命令下达的时候没有准备，手忙脚乱。"听了杨修的话，所有的将领都开始准备退兵的事。晚上，曹操睡不着觉，出来巡视。发现所有的人都在收拾行装，于是问是怎么回事。一个将领告诉曹操说这是杨修说的，丞相马上要退兵，所以提前收拾行装。于是曹操大怒，说："你怎敢胡说乱我军心！"于是杀了杨修。

其实，在曹操与杨修两人的关系上，充分体现了"聪明反被聪明误"这个道理。杨修堪称中国古代知识分子群体中的典型人物，不仅才华学识出众超群，在揣摩、分析、判断、预见曹操心理活动方面，也是相当准确迅速的。也正是因为这种先期预见的聪明才智，才让他为此反遭不幸。而以杨修的所作所为，无论换了谁做领导，在当时那种情况下，都会杀掉杨修来严肃军纪，由此看来，杨修之死，正是因其炫耀聪明、举止轻狂而致。

实际上，在现实的职场中，我们也有很多时候会处于和杨修一样的境地，虽然性质不一样，但是道理却颇为相似。下属如何在上司面前展示自己的学识才华，如何显示自己的聪明，一定要汲取杨修的教训，一定要有个度，太过则引火烧身，给自己招来祸端。当下属聪明过头了，学识才华明显超过上司时，一旦为上司察觉，危险可能就要降临到你的头上了。像伯乐一样唯才是用的上司毕竟少之又少，心胸狭隘又自私妒忌的上司却又多见，所以当这些人发现下属超过自己时，其内心一般都会把他视为自己权力的竞争对手。因此，在那些嫉贤妒能的上司手下工作，你若自认还算是个人才，准备在仕途或事业上拼搏奋斗有所作为的话，最好还是适当地显示自己的聪明，而不能像杨修一样，因为没有领悟到聪明的真正含义，因为聪明过头而丢了大好前程。

领导总觉得我不行

作为一名职员，有没有这样的时候，明明自己可以胜任的工作，明明完全可以轻松做好的工作，领导就是不交给你去做。反而把工作交给那些其实还不如你的人去做。而这个人在做那份工作时，常常会遇到各种问题，并且他解决这个问题的最终办法却是在你那里得到的。于是最终的结果就变成了领导表扬那个人，认为他能力很强，你这个"幕后黑手"却被冷落一旁，领导对你甚至都不正眼相看。这个时候，你的心情怎么样呢？相信应该和故事中的主人公差不多吧。

吴达是一个网络公司的网管，平常主要负责公司的电脑维护及网络故障排除等工作。吴达是个很有上进心的人，平时总不断地学习，加之学校所学的专业也正是计算机软件开发，功底又好，所以进步很快。公司里有很多工作他都主动去做，而且这些工作技术含量很高，已经超出了一个网管的技术范畴，吴达不仅做好了，还得到了同事的认可。他平时又是个爱帮助人的人，同事有什么事或者有什么技术上的问题，只要找到他，他都会毫无保留地帮助别人。但这个人也有一个缺点，就是不太喜欢和领导讲话，也不喜欢在领导面前表现。

后来，公司有一个很重要的客户要开发一个管理软件。公司领导为此召开了员工动员大会，希望大家多提意见和建议。在大会上，吴达信心满满，觉得自己完全可以做好这个工作，觉得这些年来自己一直在学习这方面的知识，平时也开发了几个小软件，效果都不错。所以吴达觉得这正是自己一展身手的好机会。想着想着，吴达更加自信了，而自己在公司里的表现也是得到同事认可的。吴达此刻也似乎感到领导看自己的眼光是很特别，似乎在说：这个工作非你莫属。

  然而领导的决定却让吴达十分懊丧，负责这个工作的竟然是自己的同事张强。而张强无论在哪方面来说，都没有自己优秀啊。原来，在听说这个软件开发案之后，张强很快就将自己的想法告诉了领导，希望能够从事这个软件开发工作。领导经过考虑之后，觉得张强是个积极主动的好同志，于是就让他负责这项工作了，这些当然是吴达所不知道的。接下来，软件开发工作展开了，吴达虽然遭遇了"怀才不遇"的悲伤，但是并没有妨碍他工作的积极性。张强在软件开发过程中遇到了很多难题，时不时地来向吴达请教，宽厚的吴达毫无保留地把自己的技术教给了张强，让张强渡过了一个又一个难关。

  很快，软件开发工作结束了，张强的成功让领导十分高兴，大大地表扬了他。而和张强一样职位的吴达，则在领导眼里成了不如张强的人。虽然吴达很伤心，但是这件事很快就过去了。不久之后，又一次机会来了，公司又有一个新项目要开发，这也正是吴达擅长的领域。这一回，吴达想：自己上次那么帮助张强，他肯定把自己的功劳告诉领导了，而领导也一定认识到自己的能力了，所以这次应该把这个项目分给自己来做了吧。于是在公司的动员大会上，吴达比上一次还自信，腰板儿也比上次挺得更直了。然而结果却让吴达伤心欲绝，领导又把这个项目给了张强来做，理由就是上次开发很成功，这次一定能够做得更好。

  动员会结束之后，吴达实在想不开，于是就找领导问个究竟。没想到领导却说："你能行吗？这个工作比上次的还难，上次那么简单的项目你都没来要求做，这次这个项目这么复杂，而你又没做过项目，肯定不行。"听了领导的话，吴达终于明白了自己没有得到项目的原因，原来是自己太保守了，没有积极主动地去争取机会。即使自己能够胜任这项工作，但是在人才济济的公司，也要主动出击才行，否则，领导就会觉得你不行。可现在的问题是，自己已经错过了上次的机会，而这一次领导已经认定自己根本不行了，应该怎样解决目前的问题呢？

  回到家后，吴达左思右想，就是找不到一个合适的办法让领导相信自己的实力。后来，妻子的一句话让吴达茅塞顿开。妻子知道事情的真相之后说："你也可以试着开发现在这个软件，如果你能比张强做得好，就证明你是有能力的。"听了妻子的建议之后，吴达决定利用业余时间开发公司目前的这个软件项目。从那天以后，吴达牺牲了所有业余时间，一心扑在软件开发上。经过一个月的努力终于完成了。当吴达把自己开发的软件展示给领导看的时候，领导十分吃惊，真没想到吴达利用业余时间开发的软件比张强用工作时间开发的还要快还要好，于是领导开始对吴达刮目相看了。接下来还让吴达做了好几个项目，吴达都以出色的成绩向领导证明了自己的实力。

  虽然吴达最后解决了自己的问题，也获得了领导的认可，但是他付出的东西也要更多。如果他一开始就积极主动地去展示自己，让自己在尽可能早的时间里让领导认识到自己的能力，而不是让领导觉得自己不行，那么就不会在后来费那么多周折了。

  其实在实际工作中，有很多人和吴达一样，虽然有能力，但是不善于主动表现自我的能力，不会在最合适的时候展示自己，所以失去了很多机会。而机会一旦失去了就很难再回来。故事中的吴达是幸运的，他还有机会弥补自己，但现实职场中，并不是所有的人都有机会弥补自己错过的机会。所以身在职场，一定要主动地将自己的能力展现出来，让同事认同，让领导认可，这样才可以在未来的工作中有更好的成就，而不是看见别人的好机会而"眼馋"了。

不知道自己要什么

　　一个人的职业道路究竟应该怎么走，究竟应该达到什么样的目标，这也许是很多人都没有弄明白的道理。在工作中，总会出现很多不安定的因素，让自己觉得自己的工作没有乐趣，自己的职业生涯没有希望，于是每天就开始琢磨着怎么找到新的发展方向，怎么找个新工作，往往因此让自己更加不能安心踏实地工作。这样的结果就是自己的工作越来越不满意，工作成绩越来越差。而这个时候，如果看到别人因为工作出色而升职，则会更加觉得自己的判断是正确的，觉得自己的工作实在是一根食之无味、弃之可惜的"鸡肋"，自己从中什么也得不到，反而会对工作有些无可奈何。

　　这究竟是怎么回事呢？其实一个人工作不快乐的根源，实际上是因为不知道自己要什么。正是因为不知道自己要什么，所以才不知道应该去追求什么，不知道自己应该追求什么，所以才会最终什么也得不到。其实这也是一个关于浮躁的问题。

　　事实上，一个人的职业生涯首先要关注的就是自己，要明白自己想要什么。但是，实际工作中大多数人却没仔细想过这个问题，很多人唯一的想法只是我想要一份工作，通过我的这份工作可以得到一份不错的薪水。对于薪水的要求无可非议，但如果只用薪水来衡量一份工作，那么就有问题了。一个职场人只是对于薪水有渴望，忽略了工作的真正含义，只是为了薪水而在不断地找工作、换工作，这样的做法导致的后果是，每年都在这种对于工作和薪水的焦急不安中度过，都没有真正踏实安心地面对工作，每年都没有获得升职的机会，从而错过了自己职业发展的大好机会，只能眼睁睁地看着别人升职，看着别人加薪，看着别人事事如意，看着别人职业顺畅，而自己只能躲在角落里心里发痒，或者重复原来的焦虑和不安，然后再不停地换工作，重复以前的事情，就像下面故事中的主人公一样。

香香是一所名牌大学新闻系的学生，学习成绩优异，为人又有礼貌，深得老师的喜爱。毕业那年，香香经过老师的推荐，到了一家杂志社工作，日常工作是采编稿件。这个工作对于香香来说很合适，不仅是自己的本行，而且工作轻松，杂志每个月出一期，工作量并不大，还不用坐班，只在有事的时候到单位去，平时只要按时按质按量完成工作就行了。很多同学都羡慕香香找到了这样一份好工作，香香自己也觉得挺幸运的，虽然工资不高，但是完全够自己用的了。主编说，只要努力工作，就会有发展的机会。

就这样，香香在杂志社里干了有一年多，可是升职的机会还没有到来，香香有些按捺不住了，逐渐地产生了这样的想法：一个年轻人，总要有事业上的成功才可以啊，可自己毕业都一年多了，什么建树也没有，虽然自己的稿子多次被评为优秀稿件，稿费也提高了许多，但是和自己那些同学比较起来，实在算不了什么。

原来，香香有个同学，毕业后找了一份销售工作，刚开始的时候虽然很辛苦，工资也不高，但是经过一年的努力，销售成绩大大提高，不仅每个月的薪水比香香一年的工资还要多，就是工作待遇也让香香羡慕：公司提供了高级宿舍，还有免费的旅游，更重要的是，同学已经打算买房了。看到同学的这些成就，香香对比了一下自己的工作，觉得自己的工作实在有些"寒酸"，尤其是在听同学讲述他精彩的营销过程之后，更觉得自己其实完全可以做到那样。于是香香考虑之后，决定辞职，换个工作，挣更多的钱，像自己的同学那样，在北京买个房子，然后把父母接过来。想到自己的宏伟前途，香香下定了决心，虽然和自己一同进杂志社、和自己有相同经历的同事小王力劝她仔细考虑，但香香还是义无反顾地辞职了。

辞职之后,香香满怀信心地找了一个销售工作,每天也努力工作,按照自己同学说的那样对待客户,可是销售成绩并不理想。半年下来,香香觉得这个工作实在不行,自己低估了这个工作,根本不像想象中那么简单,于是放弃了继续努力的念头,准备换新工作。虽然同事小李劝她说:"只要坚持就会有结果的,销售工作就是这样,要不断坚持才有结果。"可是香香没有听小李的建议,觉得小李和自己一同进公司,工作业绩也和自己不相上下,怎么会知道将来就有结果呢,于是又换了工作。就这样,香香不停地换工作,希望得到更好的机会,得到更高的待遇。

几年下来,工作换了好几个,在这里干半年,在那里待几个月,可是没有一个工作能让香香达到目标的,不是薪水低就是难度大,都坚持不到最后。当年杂志社的小王已经成为了副主编,不仅工资变为大多数人羡慕的数字,同时成为了单位的顶梁柱;销售公司的同事小李,也经过努力成为了业务精英,薪水也和自己的同学一样让人垂涎,不仅买了房还买了车,而自己却一事无成。看着曾经的同事的辉煌,香香不禁有些难过,觉得命运真是不公,觉得自己职业生涯实在不顺,毕业这么多年了,依然只是个为找工作而奔命的小蚂蚁,每天都在网络上发泄怨恨,觉得生活不顺利,一切都不如意,觉得自己的人生没有意义,找不到方向。

其实,香香对待工作的这种态度和做法无异于饮鸩止渴,实际上也有很多人和香香一样,在对待工作这件事上犯了一个很大的错误:越是焦急,越是觉得自己需要一份好的工作,越是饥不择食,越想不清楚,越容易失败,经历越来越差,下一个公司的人事部门看着你的简历就皱眉头。于是你越喝越渴,越渴越喝,陷入恶性循环。最终只能哀叹世事不公或者生不逢时,只能在别人升职发展的时候内心不平,感慨命运的不公,感叹为什么升职的不是自己,或者到网上用匿名的方式狠狠地发泄一把,让自己在失败者的共鸣当中寻求一点儿心理平衡，而恰恰忽略了自己本身的问题，从而没有使问题得到彻底地解决。

职场上绝大多数人都有生存的压力，会产生焦虑，只不过积极的人会从这种焦虑中得到前进的动力，而消极的人则相反，他们会因这种焦虑而迷失自己的方向。其实所有人无论自己喜欢与否，都必须在这种压力下为自己的职业生涯作出选择：要么踏实努力，要么焦虑跳槽、摇摆不定。你究竟选择什么样的方式呢？是和故事中的主人公一样，还是要坚持自己的路往下走，想必你已经有了决定了吧。

出错不敢说，不懂不敢问

刚刚踏入职场，心中是不是还有几分新鲜感？一段时间之后，是不是发现职场有很多让自己望而却步的地方，尤其是在面对那些有些"成就感"的老员工的时候，即使自己有很多问题想问，可是一看到他们那张阴沉的脸，就欲言又止？还有，是不是自己在工作中犯了个小错误却不敢声张，害怕受到惩罚或嘲笑？职场新人们，是不是有很多这样的时候让自己进退两难，处在水深火热之中而坐立不安呢？

其实，很多人刚刚进入职场的时候都容易犯这样的毛病：有问题不敢问，工作中出了错不敢说。就像下面故事中的主人公一样，一个人默默承受着来自外界和内心的煎熬，过着痛苦不堪的职场生活。

瑶瑶是一个刚刚踏入社会的大学生，身上还保留着学生时代的纯洁和稚嫩。带着这样的特点，瑶瑶成为了一家数码公司的前台。在这家规模不大的数码公司里，瑶瑶每天都要面对各种问题，虽说是前台，平时的工作只是很简单的日常性工作，但是其中也涉及很多事情，比如说要给各个部门送邮件。公司规模小，员工的利用率就高，瑶瑶不仅要做前台的工作，还要做行政工作，这无形中就给瑶瑶带来了很大压力，尤其是跟公司里的那些老员工打交道，这是让瑶瑶最头疼的事。别看这家公司规模不大，只有50多人，但这50多人各有各的性格，尤其是那些在工作上有所成就的人，总有那么几个让人受不了。瑶瑶每次给他们送东西时都小心翼翼，生怕出了什么错被数落一顿，瑶瑶已经被数落过好几回了。

这一天，瑶瑶在自己的办公桌上发现一封邮件，是公司的张主管让自己邮寄的，上面还附了一张纸条，写着：快。看到纸条之后，瑶瑶想了好一会儿，这个"快"字是什么意思，可是最终还是没想明白。瑶瑶想给张主管打个电话问问究竟是怎么回事，但是又害怕张主管说自己什么都不懂，连个邮件都弄不明白。看来只有自己好好猜猜了。思来想去，瑶瑶觉得这个"快"字应该就是寄快件的意思，于是马上叫来了快递公司的人把邮件寄走了。当瑶瑶拿着单据找张主管签字的时候，张主管看到那么多邮费十分奇怪地问瑶瑶："怎么一封信要这么多钱？"

看到张主管的表情，瑶瑶连忙对张主管解释说："一封信？您寄的不是快件吗？这个价格已经是最低的了。"听见瑶瑶这么说，张主管一脸的不高兴："我没有说让你寄快件啊，你怎么擅自做主呢？"瑶瑶听了十分委屈地说："不是您留了一张字条，上面写着'快'字嘛，那不是快件的意思是什么。"看着瑶瑶一脸的委屈，张主管无可奈何地说："我那是让你快点邮寄出去，不是让你寄快件。你不明白可以问我啊，为什么自作主张呢，还浪费了不必要的资金。"听着张主管的数落，瑶瑶真后悔没有问问究竟是怎么回事。

事情过了没几天，瑶瑶又犯错了。这一次，她在整理公司邮件的时候，不小心将一封不是公司的邮件给拆开了，那是一封送错了的邮件，瑶瑶当时也没看仔细就拆开了，拆开之后才发现的。这可怎么办呢？想了想，反正也没人知道，就扔了吧，就一本杂志，没什么重要的。没想到，第二天，办公室主任来问瑶瑶有没有看到一封送错了的邮件，快递公司来问了。想到已经把邮件给"处理"掉了，瑶瑶只好摇头说不知道。可是没一会儿，快递公司又来了，说就是送到这里了，让瑶瑶好好找找。这下瑶瑶可着急了，脸也红了，汗也流下来了。看到瑶瑶激动的样子，快递公司的人以为把瑶瑶吓坏了，赶忙说不查了，再想办法解决，然后走了。快递公司的人走了之后，办公室主任看到瑶瑶的样子十分关心，问她怎么了，瑶瑶只好把事情都说了出来。听完之后，办公室主任理解地笑了笑，对瑶瑶说："其实你不必这样做，虽然自己做错了事，但也不能怪你，你要勇敢地说出来，把事情说清楚不就没事了。那封邮件只不过是一本杂志，找回来给人家按照地址重新寄过去或者和快递公司说清楚不就没事了，你这样做反而犯了更大的错误。好在这件事不是很严重，还可以挽回，下次你遇到这样的事可不能这样做了，要不你的工作还怎么做好呢？"

听了办公室主任的话之后，瑶瑶意识到自己犯的错误，立刻找回那本杂志，和快递公司解释清楚，将事情完满解决了。

实际工作中，很多新人都会犯类似的错误。刚刚来到一个新的环境，对公司里的事情还不是很了解，对很多事情还弄不明白是怎么回事，所以处处小心，但这样往往容易出错。究其原因，不是工作不努力，不是态度不端正，只是由于自己过于胆小，出了错不敢承认，有了问题也不敢去问，最后导致了更大的错误，给工作带来了更大的麻烦。并不是所有的人都能够像瑶瑶一样幸运，可以获得他人的原谅和理解，一旦没有遇到这样好的领导，那么有可能就会让自己失去这份工作。这个时候，如果处理不好，就会让人产生抱怨的心态，甚至对职场生活感到灰心，感到失望，觉得自己离目标太遥远了，自己的前途变得渺茫起来。

其实，一个新人有不明白的地方是十分正常的，犯错误也是情理之中的，不要因为自己犯了一点儿小错误害怕被数落就不敢承认，也不要因为有很多地方不懂就缩在角落里不吱声。新人就是有这样一个逐渐成长的阶段，要正确认识这个阶段，才会让自己的工作彻底摆脱这些困扰，最终获得职场的认可。

他人风光的背后

中国人有句俗话叫做："要想人前显贵，学会背后受罪。"这话虽然普通，但道理是一点儿没错。任何一个人，如果想要有所作为，希望自己能够在一定的领域里获得别人的认可，那么就要有过人之处，而这过人之处如何得来呢？肯定是要经过艰苦的努力和付出才会得到，也许我们看到的只是那些人风光的表面，却不知道他们背后曾经有什么样的艰辛和刻苦。

在中国，有一个汽车玻璃生产企业，是中国第一流的汽车玻璃生产企业。这个企业的负责人叫曹德旺，是一个外表看上去很普通的小老头。但就是这个小老头在2009年5月30日的摩纳哥蒙特卡洛举行的颁奖大典上，力挫群雄，从来自世界43个国家/地区的10 000多名企业家中脱颖而出，荣获有着企业界奥斯卡之称的"安永企业家奖"，这也是该奖项设立23年以来，首位华人企业家获此殊荣。他创造了中国汽车玻璃业的传奇，成为了众人瞩目的焦点人物。

曹德旺小时候家里很穷，有很长一段时间，家里一天只能吃两餐汤汤水水的食物，那时他常常觉得饿，他的母亲总是鼓励说："要抬起头来微笑，不要说肚子饿，要有骨气、有志气！"9岁时，父母想尽办法让他走进了学堂，念到14岁时，家境实在太艰难，他不得不辍学回家放牛。放牛的时候，他一有空就拣起哥哥的旧课本来读。16岁时，曹德旺开始帮着父亲倒卖烟丝，后来改做水果生意。在这段时间里，他残酷地挑战自己的体能极限：每天凌晨3点多就出发,在天刚放亮时骑自行车赶到福清县城,等果农来了就与他们讨价还价,在装好水果后就地自己煮饭,吃完后是中午十一二点,然后驮上300斤水果在40度左右的高温中穿行,大约在下午4点多钟到达目的地将水果批发给商贩,一般要忙到下午6点钟。然后就匆匆赶回家,到家吃完饭差不多就到了晚上八九点钟,这时候就要赶紧去睡觉,否则第二天就起不来了。如此一天下来能从中赚取一家人赖以生存的两元钱左右的差价。

人生的艰难没有让曹德旺屈服,他坚信勤劳的双手有改变命运的力量。为了谋生,他种过白木耳,当过水库工地炊事员、修理员,知青连农技员,还倒卖过果树苗。1975年他已为自己积累了5万余元的"巨资",1976年到高山异形玻璃厂工作,并在1983年4月承包了这家连年亏损的小厂,而且当年就赚了20多万元。1987年,曹德旺集资627万元,在高山异形玻璃厂的基础上,成立了中外合资福耀玻璃有限公司,并通过引进新技术、新设备,使公司发展成能生产1万多种规格产品的大公司,揭开了国产汽车玻璃的新篇章。

自此之后,曹德旺及其企业获得了一系列奖项:"蒙代尔世界经理人成就奖";美国福特汽车公司全球优秀供应商金奖;2006年度零售部件最佳供应商;最受尊敬华人企业奖;2007年度"VolvoA级供应商"奖;中国500强;中国企业竞争力500强;最具全球竞争力中国公司50强;中国未来十年最具成长性蓝筹A股上市公司……

在这一系列荣誉的背后,其实有着人所不知的努力和汗水。很多人并不知道,这个亿万富翁当年曾经是一个身上只有两分钱的穷小子,但就是这个只能吃馒头度日的穷小子,经过自己多年的艰苦奋斗,成为"中国最具社会责任企业家"、"福建省突出贡献企业家"等称号的拥有者,成为中国企业反倾销胜诉的第一人。用曹德旺自己的话来说:"我有今天的成就,不是因为我伟大,而在于我背后有无数普通人默默无闻的努力和贡献。"

其实曹德旺的故事和我们在职场上打拼的道理是一样的。一个外表风光的人背后，总有许多人所不知的东西在支撑着他。如果我们只看到他表面的春风得意，却忽略了他背后的付出和努力，只是一味地羡慕人家的成就，却没有学习别人背后的东西的决心，那么是不会进步的。就像下面故事中的小伟和小亮两个人一样，只有通过坚苦卓绝的努力，才会在工作上有所建树。

小伟和小亮两个人是好朋友，也是同一时间进入公司的员工。进入公司之后，两个人都被分配在行政部工作。行政工作本来就是个杂事比较多的部门，每天工作都很累，而且经常要加班。一开始，两个人还有说有笑地加班到深夜，可是一段时间之后，小伟开始觉得自己用来学习的业余时间不够用了，于是开始找各种借口拒绝加班。对于小伟的做法，小亮并没有表现出什么不快，而是爽快地答应帮小伟做相关工作。开始的时候小伟还觉得有些不好意思，可是时间一长，小亮并没有提出什么异议，小伟也就习惯了，总是在加班的时候把小亮一个人丢在办公室里。

就这样过了半年，年底的时候，公司开始对新进员工进行评选，在大家的投票结果公布之后，小亮成为了公司的年度优秀员工，不但获得了领导的表扬，还有丰厚的年终奖金。这下让小伟傻眼了，觉得有些后悔没有像小亮一样努力工作。不过小伟又想，自己虽然没有加班，但是自己却有了更多的学习时间，这也算有所补偿吧。可让小伟没有想到的是，小亮和自己一样，也获得了公司"学习新人"的称号。这就让小伟有些不解了，小亮经常加班，怎么还会有时间学习呢？于是小伟就将自己的疑问告诉了小亮。听了小伟的话之后，小亮笑着对小伟说："其实我和你一样，每天都在努力地学习。只不过我的学习时间不像你那么固定，只是随时有时间随时学，不管是工作的空闲还是中午休息时间，只要有十分钟以上的时间，我都会执行公司的学习计划，所以我也和你一样，完成了公司制定的学习计划啊。"听了小亮一番话，小伟才明白自己为什么没有得到和小亮一样丰厚的年终奖金了，原来自己不知道小亮背后付出了那么多的努力啊。

无论是生活中还是职场上，很多人容易看见别人的风光，而忽略了别人背后的付出。就像小亮一样，不仅在工作上努力，还要花费比别人更多的努力来学习，这样才会有别人不能获得的收获。我们都知道郭德纲，都知道德云社，都看见了他们耀眼的成就，却很少有人去关心他们曾经一个团队在台上卖力地表演，而台下只有一个观众。还有周星驰，都知道他的电影和他的名气，却很少有人在意他曾经是一个没有一句台词的"龙套"。生活中还有很多这样的人，我们都只看见了他们风光的表面，却没有去探究他们风光背后的付出和努力。其实，如果你觉得一个人的成功让你羡慕的话，首先要做的不是看着别人的成功自己心里痒痒，而应该看看这个人背后都付出了什么，自己和他相比究竟还缺少什么，然后怎么努力去和人家看齐，这才是最重要的。

第二章

工作中的种种困扰让人身心疲惫

身在职场，是不是有这样的时候：明明知道职场上的不平等待遇在任何情况下都会存在，可遇到了这样的事情，总不能像想象中那样自如应付，总是避免不了产生一定的心理压力。比如说自己成为上级领导之间问题激化的发泄点，在完成工作后发现领导将自己的成果据为己有，面对上司的不合理要求时总是无能为力，办公室的"政治硝烟"让自己疲于应付，甚至不小心还会被领导的"红人"欺负一顿。还有，自己在公司里工作了很多年，不但没有得到升职和重用，反而沦为了年龄的"奴隶"，成了领导眼中的"负担"……总之，无论是自己成了别人的垫脚石还是自己在职场上总是被人利用和欺负，问题总会不断地出现，总会让自己在工作中难以忍受，可却又无法发作、无法解决。面对这样的境遇，是不是感觉职场真的很复杂，真的让自己身心疲惫，支撑不下去了？没关系，只要你找到问题的症结所在，解决这些问题都是有可能的，只要方法正确，让自己在以后的工作中避免这些职场"暴力"的伤害，指日可待。

说实话也是错

诚实是一种美德，人要讲实话，这是我们从小受到的教育内容之一。然而，人就是这样奇怪，小的时候受到的教育不一定在长大以后就可以完全用得上，或者说那些教育已经改变了原则。就拿"说实话"这件事来说吧，在职场里就不一定适用，如果在职场里处处说实话，反而会让自己吃苦。但这并不是要求人在职场就到处欺骗，而是告诫那些在职场中一味地知无不言、言无不真的人，如果你要保证自己时刻说实话，一定要看场合，看时间，或者换个说法，让实话听起来比较入耳。毕竟不是所有的人都能够像唐玄宗一样听取"逆耳忠言"，所以说话要小心，不要让自己在实话面前栽跟头。因为职场有职场的规则，有时候，说实话也是错。

雨辰和郝璇两个人是同班同学，也是一个宿舍的好姐妹。毕业之后，两个人一起找工作，同时到一家公司里工作。一天早上，客户打电话说有个问题处理不好，虽然这个问题不属于客服范围，但是热心的雨辰还是用了两个小时给客户解决了这个问题，领导来问，她就如实汇报。可没想到，领导却满脸不高兴地对她说："有时间给别人当老师，不如再多管管自己单位的事情。"

中午吃饭的时候，雨辰和郝璇说起这件事，没想到郝璇也一肚子委屈地说："今天早上，部门主管穿了一件新衣服，因为称赞主管'穿了新衣服显得年轻很多'，结果主管认为我是在讽刺她年纪老，于是上午总被主管批评，弄得自己在同事面前丢尽了脸面。"

两个人正垂头丧气地感慨着上午的不幸遭遇时，她们的一位学姐也来吃饭，看见两个人如此失落，不禁问起了原因。听了之后，学姐对她们说："诚实是什么？就是有一说一，说的、想的和做的是一回事儿，在一般情况下，这不成问题。可是在某些场合，因为有某些特殊的因素，往往会产生价值紊乱，有时候诚实就成了'不成熟'。就像很多人说的那样，'成长就是知道了许多东西，成熟就是知道了许多东西不说'。我最初进公司的时候也经历了这样的事情。那时候，我工作的位置正对着大门口，每天在做什么，领导进进出出都能看得到。因为我性格比较急，工作比较麻利，很多时候一天的工作只用两三个小时就做完了，所以领导经常会问我'没事情做吗'，刚开始自己都是笑笑说'事情都做好了，休息一下'，结果，就看到领导的脸色变得难看了。后来，为了让领导满意，我改变了工作方式，努力把一个可以两个小时做好的事情用一天做完。在向领导报告的时候就说没有做完，只完成了多少，然后用空余时间多看看资料，充充电。"

看着两个人惊讶的表情，学姐继续说："其实，在职场上要处理好说真话这件事，一定要划清好与坏的界线。无论是和同事还是和领导接触，说话做事都要有随机应变的本事，就像薛宝钗，见什么人说什么话，说真话的，当时并不一定好也不一定就能得到别人的喜欢。所以，身在职场，自己一定要有识别能力，分别对待。说实话也应站在别人立场考虑事情，假如你是领导，听说你的手下在工作时间做了与工作无关的事情，你会有什么反应？所以，很多时候，说实话不是不对，而是应该讲究方法。你们两个就是犯了这样的错误，所以才会在工作中感觉到不舒服，受到上司的指责。"

两个人听了学姐的话才明白，原来在职场中还有这么多的事情，看来自己真是应该好好学习职场这门学问才行啊。

就像故事中那位学姐说的那样，说实话的确是一门技巧。无论是在工作中还是在生活中，实话是必须要说的，关键在于说实话的对象，如果对象不允许自己实话实说，而实话又必须说，就要讲求技巧了。就拿职场上最常见的招聘和应聘的事来说吧，很多时候，招聘者和应聘者之间会有一种十分微妙的关系，也会在"说实话"和"不说实话"上大做文章，如果处理好了，应聘者就会得到梦寐以求的工作，而处理不好，就会与自己心仪已久的工作擦肩而过，失去一个好机会。曾经有个在职场工作了多年的人力资源经理刘博这样说：

一次，几名大学毕业生同时去应聘，面试时有一道题是这样的：虽然你是名牌大学毕业生，但是由于工作需要，安排你做门卫，你会怎么办？A同学回答说：我不会去干；而B同学回答说：领导的任何安排都是我的第一志愿。于是，A同学这一环节的得分为零，最后勉强录用，B同学得了满分，高分录用。在实际工作安排上给了B同学更好的岗位，虽然两个同学的工作能力不相上下，但是B同学却有比A同学更好的岗位和更高的待遇。实际上，尽管所有的人力资源经理在制定员工守则时都会写上"诚实"的字眼，但却没有一个经理会在入职教育时要求员工要说实话。职场终归是一个名利场，公司利益以及个人利益交织在一起，如果不能在职场上寻找到一套方法保护自己，那么也就不可能在这个圈子混了。

其实个人和公司都一样，最重要的第一步就是学会在关键的时候不说。尤其是那些工作时间不长的年轻人，很多都有"知无不言，言无不真"的习惯，实话脱口而出，常常在无意识情况下就把人得罪了。有很多人抱怨，很多刚开始工作的员工常常都是主打亲和力，总是愿意和客户、同事多聊上两句，却不知道自己的企业文化里要讲究神秘性，话说多了形象却在减分，给别人的印象也会相对下降，这些对于升职自然是没有好处的。

当然，想要把本该属于内心独白的部分大大方方地说出来，也是应该和必要的，关键就看你用什么方法。公司中总会有各种各样的大会小会碰头会，但当着各部门"掌门"的面，把内心的感动化为表扬的话语绝对是一种聪明的行为。职场中，所有人得到奖励时都会感谢点儿什么，就像那些获奖的明星一样，在这样的时候，一定要把自己心里的小感谢在大会上发表出来，夸人要夸在明处，这是人在职场生存的必备能力。当然，在骂人的时候却一定要骂在心里，这也是职场人的必备条件。

说实话，这个看来十分简单的事情，在职场中就是一个可能会让你十分头疼的问题。就像刘博说的那样，也许你已经感受到了因为"实话"而给自己带来的不便，但是你是否考虑到了说实话背后的那些事儿呢？如果没有，就赶快多多思考吧，职场中的机会是不等人的。

上司的要求太过分

工作中是不是遇到过这样的情况，很多时候要面对自己顶头上司的各种要求，这些要求有些是你工作分内的事，但有些又和你的工作无关，甚至有的已经超出了正常的工作范围或者是违背了公司的利益，这个时候你该怎么办？

小黄是公司的业务主管，最近公司的业务发展不错，时常有客户来访。小黄作为业务部门的主管，自然要和经理一起去陪客人吃饭。如果只是陪客人吃饭也没什么问题，问题是每次饭后经理都要求她陪客人去唱歌跳舞。对此，小黄十分反感，家人也不愿意。于是，小黄时常找些借口说自己身体不舒服或者家里有要紧的事，尽量不去这种场合，能推就推，实在不能推就只好硬着头皮去。但是自己毕竟是业务主管，而且也不能总是说自己不舒服或者家里有急事啊，为此小黄十分苦恼。去吧，自己很烦很讨厌，而且作为一个女人，经常出入酒楼，还要深夜才归，确实不合适；不去吧，经理就会不高兴，甚至将小黄视为旷工，小黄很害怕会因为不服从上司而影响前程，甚至丢了工作。

于是小黄把自己的烦恼告诉了好友小林。小林听了小黄的事情之后对她说：“其实像你这种情况很多见，尤其是你这样漂亮的女人。但问题是，究竟什么是合理与不合理。也许你认为不合理，上司认为合理；也许任务本身不合理，但上司出于别的目的，需要你做。不要急于否定他的意见，你要站在上司的角度来看这个问题，因为你和你的上司看问题的角度是不一样的，所以对问题的判断也不一样。他看的比你更高，且往往从战略上考虑。同时，你的上司看问题有时会受到他的上司影响。其实，在职场，无论男女，受公司指派出席一些公务应酬无可非议，为公司做点事，即使是不愿意做的事，也得体谅和支持。但这里面有个度的问题，上司要求女下属去陪客人吃饭，这可以理解，但要求女下属去陪客人唱歌跳舞到深夜，就有些过分了，对于这样的过分要求，你应该学会拒绝。我给你讲个孔子拒客的故事：有个叫孺悲的人想拜会孔子，就让手下的人去孔子那里联络。但孔子不想见他，于是孔子打发人出去告诉孺悲派来的人说身体不舒服，最近不适合见客。可是当那个人刚走出孔子家的院门，孔子就开始取瑟而歌，让自己嘹亮高亢的歌声表达出自己根本就没有病这个事实。目的就是用歌声告诉孺悲'我啥病没有，身体棒棒的，只是不想见你'。并且让孺悲死心，再也不会去自讨没趣了。"

听了小林讲的故事之后，小黄终于找到了拒绝的方法，虽然还是经常陪客户吃饭，但很少有陪客户到深夜的事情发生了。

当然，像小黄这样的在职场里已经有了一定实力和地位的人，处理上司的不合理要求时可以用这种办法，但是那些普通员工或者是职场新人遇到了上司的不合理要求，又该怎样面对这些问题呢？那就看看下面这个故事吧。

小楚长得漂亮，大学毕业后找了个文秘工作。刚到公司，小楚的上司就经常跟她说希望小楚和他一起做业务，说得很暧昧，还说要经常出去应酬，就是做公关之类的，主要是喝酒，还叫小楚晚上和他一起去吃饭。刚开始的时候，小楚说不去，上司就会找各种借口让小楚加班。之后小楚就开始和这个上司保持距离，有什么事也只是公事公办，不像和其他同事那样热情。后来，机会来了，小楚调到了人力资源部工作，总算摆脱了上司的纠缠。可是新的问题又来了。

小楚在人力资源部负责公司考勤，公司老板很重视员工考勤，在老板支持下，小楚做得很有成绩。可有一天，从别的部门调来一个人当人力资源部的经理，是小楚的上司，而这个经理上任的第一个月就有很多天迟到，他还要求小楚不要把自己迟到的事体现在考勤中。小楚对同事一视同仁，公司中的其他人，无论是经理还是主管只要迟到了，小楚都会记录下来，可是自己的顶头上司却要求自己这样做，小楚迷茫了，不知该怎么做。如果这次答应了他的要求，那么以后就会有很多次，对别人也不公平，而且还有风险，如果被其他经理知道了，肯定会出很多问题。小楚也想过不听上司的，实事求是地去做，但是她也听说公司里曾经有这样的事：上司给员工穿小鞋，本来下属是对的，经理却一直打小报告，老板虽然知道事情的经过，在选择时还是抛弃了对的那个人，让经理留下了。没有办法，小楚只好把自己的苦恼告诉了自己的同学，同学七嘴八舌地议论开了。

有的说："其实这就是你和上司沟通的问题，如果沟通好了，你的日子就好过了，如果沟通不好，你的日子就难过了，我觉得你可以正面和你的领导沟通一下，态度绝对要好，但道理绝对要硬。另外还可以采取旁敲侧击的办法去向你领导反映，假如你们公司能找到一个和你关系好又很得老板信任的人，可以私下里以闲聊的方式把自己的苦恼通过他传递给老板。"

有的说："你就按照顶头上司的意思去做吧，不得罪人，老板也未必喜欢越级上报的下属，再说了，你和自己的经理起了矛盾，你说老板会偏向哪一个？"

也有的说："职场上不能一根筋的，做事要看好上下前后左右的反应，不能下决心的话，就把可能的选择列出来，看哪种损害小就采取哪种方法。"

还有的说："这个问题可以直接和老板反映，并不是越级的问题，因为事情本身就是你的上司发生了问题，既然老板很重视考勤，那这样的事情就更应该汇报了，要不然哪天捅出来了，你是负责考勤的，这责任还是会算到你的头上的。既然有勇气去犯错，为什么没有勇气去揭发那个让你犯错的人。"

小楚听了同学们的议论也没有了主意，于是给姐姐打电话。姐姐已经工作十多年了。听了小楚的话，姐姐对她说："如果你一直按照上司的意见继续下去，后果无非就是两种：一是你的所作所为会让你的同事对你不信任，结果是长期处于一个不被信任的空间，你可能会离开公司；二是你不要以为一味地纵容上司，他就可以保你在公司平安无事或者平步青云，这是不可能的。其实这件事也不难，你首先要收集好上司让你犯错的证据，有备无患，防止被上司倒打一耙。其次，你要选择好合适的时机，让老板自己'发现'你所有的证据，让老板自己看到你上司的不合理要求和他所犯的一切过错，老板自然会作最后的处理。这样，既不会妨碍到你的工作，又不会树立你和上司之间的敌对关系。"

听了姐姐的话后，小楚深受启发，通过努力终于找到了这样的机会，让老板自己处理了那个经理，虽然这件事小楚也有责任，但是老板考虑到小楚的处境，原谅了她。

职场是复杂的，一不小心就会让自己深陷困境。所以，无论什么时候，即使是在面对上司不合理的要求时，也要冷静处理，想到最适合的办法。只有这样，才会让自己在职场中坚定地走下去。

我成了别人的垫脚石

在职场上,被别人当做垫脚石是经常会发生的事,其实这也没什么不好,至少证明自己还是有一定价值的,关键是做了垫脚石之后有没有什么收获,也就是说在做了别人的垫脚石的同时自己的目标是否达到或接近。总之做不做垫脚石无所谓,主要是自己是否从中有所收获。若有,做垫脚石也没有什么大不了的,毕竟这在职场中就像吃饭一样常见和简单。帮别人成就了事情,总比坏了别人的事好些。不过,很多时候,自己努力的结果最后不过是"为他人作嫁衣裳",那种心情的确很郁闷,尤其是对方并不领情的时候,就像小高一样,身心都受累。

小高在一家大型超市的宣传部门做文案策划工作。小高是一个很有创新意识的人,很多时候都能够提出十分新颖的宣传建议,而这些建议往往都能够给销售工作带来很好的收益,小高所在的这个部门,也就常受到领导的表扬。但小高却从来没有因为这样的表扬而高兴过,原因就是小高有一个顶头上司,这个人十分喜欢表现,而且喜欢抢占别人的功劳。每一次受到了领导的表扬,他都会把功劳揽在自己的名下,而宣传部门也没有几个人,大家也一直拿他没办法。所以,很多时候小高总是因为工作而闷闷不乐,尤其是看到上司乐呵呵地享受着自己的工作成果时,真是从心底里有一种说不出的难过和愤恨,可又没办法,只能暗地里生气。

小高的同学对于他的遭遇也十分不平,有人建议小高对公司说出真相,给那个经理一个教训,理由是:当了别人的垫脚石,你以为领导还能顺带提拔你,大错特错!最有可能的是,他更会针对你,诋毁你,因为他知道是用了你的努力、心血取得自己成功的,俗话说:"一山不容二虎。"或者小高换一个岗位,离那个经理越远越好。

　　而另外一个同学则讲了一个故事:两只青蛙同时掉进牛奶罐里,虽然牛奶只有半罐,但也足以构成对青蛙的灭顶之灾。青蛙A心灰意冷,在象征性地挣扎了几下之后,便永远地沉没于牛奶之中。在困境面前,青蛙B没有选择屈服,而是选择了抗争到底,它一次又一次奋起,不停地跳跃,尽管它的奋起和跳跃使得周围的牛奶越来越黏稠,使得下次的奋起和跳跃变得更加困难无比,但它不畏惧不气馁,坚信自己发达的肌肉和超常的耐力一定能让自己逃脱牛奶罐,重见自由。就这样奋起,跳跃,再奋起,再跳跃……不知过了多久,青蛙B脚下黏稠的液体变得坚硬起来。原来,反复地踩踏和跳动,加速了牛奶里水分的蒸发渐渐地液状的牛奶变成了一块固体奶酪。现在对于青蛙B来说,罐中的牛奶不再是死神的魔掌,而转化为逃离困境的垫脚石。站在一大块奶酪上,青蛙B一个奋起,终于跳出了高高的牛奶罐。

　　讲完故事,那个同学接着说:"所以说,就报仇一事,我觉得更没必要,因为当你的心里藏着仇恨时,快乐在你心里就没地方摆了。其实,你有才能别人才会踩着你,当你是垫脚石。从这个角度来说,自己成为了垫脚石不一定就是坏事。很多人都曾经是别人的垫脚石,那些我们都很熟悉的成功者,我们也许只会对他们心存羡慕,但我们却很少知道这些成功者背后是什么样子。他们可能曾经就是别人的垫脚石,也可能曾经什么都不是,就像你现在这样,甚至连你现在都不如。可是,他们挺过来了!他们可能曾经遭受过人们的鄙视,遭受过工作上的打击,也曾经付出过很多很多的心血汗水,也经历了许许多多的坎坷,甚至曾经遭受了别人的抛弃,可是他们挺过来了。因为他们有一颗坚忍的心,一股永不停息的信念,一股不甘人下的斗志,一种追求幸福的执著。不想成为别人的垫脚石,就需要你比别人付出更多,思考和学习更多,拥有解决问题的办法更多，付出的爱心和行动更实际。要不就不做，要做就要成功，这是永远的信念和追求。"

同学说完之后，小高的确受到了启发，觉得自己就应该像那只不停跳跃的青蛙一样，不停地努力，总有一天会从困境中跳出去。

就像故事中的第二个同学说的那样，虽然我们都知道"王侯将相宁有种乎"的道理，也都听说过"韩信甘愿受胯下之辱"的故事，也都明白"越王勾践卧薪尝胆"的意义，但是如果这些事情轮到自己头上的时候，事情就变得不再那么简单了。我们也都说职场上要有可以容纳一切的宽阔胸怀，但真的有事情降临的时候，自己又开始变得不安和痛苦。有这样一个故事：

有一个人在黑夜里行走，走到一个没有灯光的小巷里，突然被脚下的一块大石头绊倒在地。这个人爬起来，对那块绊脚石咒骂了一句，又狠狠地踢了一脚，可是石头没怎么样，自己的脚却被踢疼了。他揉了揉自己的脚，接着向前走。走着走着，前方出现了一堵高墙，挡住了他的去路。正发愁时，这个人突然想起刚才那块绊脚石，那块石头正好可以派上用场啊。于是他连忙返身，将那块绊倒了自己的石头搬来放在墙根下，而此时，曾经的绊脚石已经成了一块垫脚石，帮助这个人顺利地翻过了高墙。

职场上就是这样，不是你踩着人上就是人家踩着你上，所以要调整好自己的心态，看清楚这就是现实社会。首先，能成为垫脚石，就必须具有某一种优点，这优点决定了你在某一方面是比别人出色的，所以才成为垫脚石。从这一角度来说，成为垫脚石也不一定就是坏事。但是垫脚石同时还有另一种贬义：自己的优点为自己服务是奠基石，而被别人所利用则是别人的垫脚石，这是完全不同的人生。职场上有很多种垫脚石，有时候是出于自愿给别人垫脚；而有时候则是被利用。是想成为垫脚的，还是奠基的？被动的，还是情愿的？决定权就在你自己的手上。有时候，不被踩着上，也不一定完全是件好事，或许代表你还没资格当垫脚石呢。既然你已经在职场上开始被人认同，并被别人当做对手了，就要好好对待，好好把握，从做垫脚石的过程中总结出自己的经验教训，然后最终为自己的发展带来机会。

总是被人利用

被人利用之后是不是很痛苦？被人利用之后是不是觉得很凄凉？被人利用之后是不是觉得自己很傻、很悲哀？被人利用之后是不是会让自己的人生蒙上阴影？被人利用之后是不是觉得自己被这个世界抛弃了，从而失去了真诚待人的热情？……无论关于被人利用有多少不好的提问，答案是肯定的。如果一个人被人利用之后，发现自己还很快乐，而且觉得那个利用自己的人还很好的话，那么这个人一定是脑袋出了问题。被人利用和被人当做垫脚石不一样，垫脚石表现的是自己的优点，而被利用表现的则是自己的弱点。无论是谁，一旦被别人利用，当自己发现了真相，只要他是个正常人，那么就一定会感觉到不舒服、不痛快，甚至有的人还会产生仇恨和报复的情绪，这样说一点儿都不夸张。在职场上，这样的事情不是没有，而且还经常发生，只不过我们都忽略了这个问题，忽略了对于被利用这个问题的解决。而一旦我们认真对待这个问题的时候就会发现，其实要摆脱被别人利用的境况，并不是那么难。

琪琪是公司的行政秘书，主要负责那些杂七杂八的事，虽然说不上是什么有权力的工作，但由于工作本身的特点，琪琪总会经常性地和公司的管理层有着一定的接触，有时候甚至比那些中层管理者接触领导的机会还多，和领导的熟识程度还要高。不过，琪琪是个比较单纯的小姑娘，很多时候并没有把自己工作上的便利作为自己升职的工具来利用，而是兢兢业业地做自己分内的工作。也正是这一点，让公司领导们都很喜欢她，觉得这个姑娘很单纯，对工作认真负责，心直口快，说话实事求是，所以领导经常通过琪琪了解许多工作的情况。刚开始的时候，琪琪与领导之间的微妙关系并没有人在意，毕竟是一个涉世不深的小姑娘，谁也没把琪琪当回事。可是时间一长，那些别有用心的人就发现了琪琪的特殊位置以及琪琪与领导之间那种特别的关系，从那时候开始琪琪就陷入了职场上的痛苦深渊。

公司里有个蒋主任，是业务一部的负责人，也是公司的第四层管理者。这个人平时总喜欢和别人竞争，而且多数时候以胜利告终，这也让蒋主任习惯了胜利的喜悦。可有一次，业务一部在和其他几个部门竞争的过程中失利了，成为了第二。按理说，一次第二也没有什么，可是偏偏赶巧，那一次的竞争结果关系着几个部门主任的职业前途，其中胜利的那个沈主任即将升职为部门主管，级别比蒋主任高了一级，这个结果让蒋主任十分恼火。后来，蒋主任发现了琪琪的特殊"作用"，知道琪琪是个心软的人，于是就私下里对琪琪说了很多不利于沈主任的话，有很多都是无中生有，只是蒋主任天生就是一个讲故事的高手，把故事讲得十分生动，几乎到了"声泪俱下"的地步了。蒋主任平时就是个爱讲话的人，也是个喜欢热闹的人，经常和大家打成一片，和琪琪也是十分熟络，而琪琪又是个涉世不深的小姑娘，被蒋主任一番话说得同情心泛滥，觉得蒋主任简直就像窦娥一样冤屈，在这次升职过程中没有获得机会，简直就是天理难容。而事情就是这么巧，在听完蒋主任"诉苦"的这天下午，公司领导正好要讨论关于业务部人员升职的事。其中一个领导碰到来办公室报销单据的琪琪，就随口问起了琪琪对于这件事的看法。而此刻，琪琪还处在蒋主任故事的"感动"中，自然为蒋主任说了很多好话，而且还把蒋主任对自己说的那些关于沈主任的事都说了出来，结果可想而知，沈主任升职的事就此搁置了下来。

这件事没过多久琪琪就发现了真相，于是琪琪觉到十分难过，被人利用了，而且还做了对不起其他人的事，心中总是有个疙瘩解不开，每天上班都感觉无精打采的。

其实在职场上，有很多时候，很多人都会被人利用，就像职场人常说的那样：职场上不是你利用我就是我利用你。话虽这样说，可是无论是谁，发现自己被利用了，总会像琪琪一样有许多失落。如果想避免这样的事情发生，就应该向下面故事中的主人公学习一下，找到问题的关键，然后逐步解决。

小薇和大学同学小徐同在一家图书公司工作，虽然工作两年了，但是小薇还是保持了学生时代的行事作风：心直口快，什么事都会说个"明白"。然而正是她这种工作作风，给她招来了很多麻烦。小薇有话直说而且藏不住事情的个性，很多人都会利用这一点，通过小薇的嘴说出自己不敢说的话。而小薇每次都会成为这些人的"代言人"，经常成为领导批评的对象。时间长了，小薇也感觉到自己的处境，心里很不是滋味，觉得大家对自己太不公平了，于是就把自己的想法说给了小徐听，希望得到小徐的安慰。

小徐听了小薇的想法以后，明确地告诉小薇说："你的问题关键就在于你自己。为什么总是你被利用，而不是别人呢？这说明你自己有被利用的缺点，比如说你个性急躁，什么事不考虑清楚就说出去了。还有你心太软，总是会相信那些人看上去很可怜的说辞，却没有把问题想清楚，看到事情的本质。再就是你太过天真了，把事情总是想得那么简单，认为别人和你一样，只是为了工作，却没想到很多人其实是为了自己的利益。总之，你就是要从自身出发，看看是不是自己的缺点容易被人利用。职场里是很复杂的，很多事情不是你想象的那么简单，很有可能会牵连很多的人和事，你以后一定要听我的劝告，千万不要轻易相信别人的话，一定要考虑好了再说话，一定要把事情搞清楚了再去下结论。"

听了小徐的话，小薇从自己身上找原因，凡事三思而后行，遇事要弄个究竟明白，把事情的来龙去脉搞个水落石出，然后再决定该怎么办，那些别有用心的人也就没有机会了。就这样，小薇逐渐改变了被人利用的局面，工作也逐渐得到了领导的认可。

要摆脱被人利用也不是特别难，就像小薇一样，从自己身上找原因，然后再弄明白办公室里的各种关系，凡事都要仔细对待，搞清楚后再说话，弄明白后再行动，这样就不会让自己遭受被人利用的痛苦了。

一不小心成了出气筒

也许很多公司里都有这样的事，领导生气的时候，总是会找个人来撒气，同事气不顺的时候，也找个人来发泄。实际工作中，总会有一些人遇到这样的情况，总会有一些人碰到这样的烦恼，那么身在职场，究竟是什么原因让自己沦为同事的出气筒呢？而一旦自己已经成了出气筒，又该怎么办呢？如果想摆脱这种局面，下面这个故事会给你一定的启示。

小董是一个在事业上十分成功的人，虽然不是自己创业，但是小董的职业生涯十分耀眼，是那种让很多职场人都羡慕的人。不仅有着高达百万的年薪，而且还有弹性的工作时间，有带薪的长假，有各种各样的福利待遇。然而，小董最初的职业生涯并不是那么顺利的，或者说还有一些艰辛，这些都和小董的性格有一定的关系。

小董是一个比较内向的人，不太爱说话，而且吃点儿小亏，也不计较，"吃亏就是福"嘛，尤其是那些鸡毛蒜皮的小事。然而，踏入职场之后，小董发现自己的这种性格总是让自己吃亏，而且是吃大亏。刚开始的时候小董也不知道是自己的原因，只是觉得公司的人都喜欢让自己做这做那，虽然有很多不是自己分内的工作，但是作为一个新人，小董也毫无怨言地做了。可是时间一长，大家就习惯了让小董做事，一旦出了什么问题，还会毫不客气地说上几句。而小董不喜欢和别人辩解，自然就让大家感觉到小董"好欺负"，很多时候，不管是不是小董的错，也不管事情是否和小董有关系，都会习惯性地对小董发脾气，小董逐渐不幸地沦为了大家的"出气筒"。尤其是那些在公司里有了一定成绩、人品又有所欠缺的人，总喜欢拿工作刁难小董，似乎刁难小董已经成了他们工作中的乐趣。小董开始觉得工作十分痛苦，觉得自己的人生也变得暗淡了。

当小董"出气筒"的地位被逐渐确立之后，小董才发现自己的不幸，开始觉得自己的工作方式出了问题，自己的职业道路将面临严重地挑战。可是一切都已成定局，自己该怎么办呢？苦恼的小董开始找同学木木诉苦，说自己在公司的遭遇：工作做得最多，错误也犯得最多，让别人出气的机会也最多，自己已经成了同事的"出气筒"……听着小董的倾诉，木木出乎小董意料地说："为什么是你而不是别人呢？被大家呼来唤去的人为什么是你？被大家当做出气筒的为什么又是你？而这一切为什么不是别人呢？你有没有想过这个问题？"

木木一连串地发问让小董愣住了：是啊，为什么是自己而不是别人呢？难道是自身出了问题？看到小董一脸醒悟的样子，木木仔细分析了小董的工作方式，然后总结性地对小董说："问题就出在你自己身上，是你自己的工作方式让你自然而然地成为了现在的样子，怪不得别人。所以你要有所改变，这样才会让你重新树立你的工作地位。你可以从现在开始，分清楚什么是你的工作，什么不是你要做的，如果有人让你做，你可以义正词严地拒绝他；还有，工作中犯了错误就要仔细检讨，然后总结经验，而不是再犯同样的错误，这样的话，你自然就不会有话柄落在别人的手上了。如果有谁还想拿你发泄情绪，那么对不起,你就要挑明立场,据理力争,为自己辩解,不要像以前一样,只是默不作声。当然,是你的错你就承认,但不是你的错,你就要让那些拿你撒气的人知道你不是好欺负的,你是一个讲道理的人,不是任人宰割的傻瓜。再有,你要抓住机会,做一两件让大家刮目相看的工作,不要让大家以为你的能力平平,在公司只能扮演一个出气筒的角色。"

有了同学的支着儿,小董很快就找到了自己工作中的不足,并且不断弥补。两个月过去了,公司里已经没有人再胡乱让小董做这做那了,而且那些总喜欢拿小董出气的人也都受到了小董的"教训",小董在工作上也取得了很好的成绩,得到了公司领导的认可。就这样,小董一步步走出了自己的工作误区,开始了全新的工作阶段,并且由于工作有理有据,对人不卑不亢,很快就树立起了威信。经过几年的努力,已经成长为了公司的骨干。

当然,如果你是那个拿别人出气的人,自然不会感觉到有什么,甚至还会觉得公司里有这样一个人"挺方便"的。可是,你换个角度想一想,如果有人经常拿你撒气,你是公司里的"出气筒",你会怎么办呢?所以说,一旦工作中遇到了和小董一样的同事,在把这样的人作为出气筒之前,一定要好好想想自己这样做是否正确。如果很不幸,你自己就是这样的人,那么就请首先思考一下这样一种现象产生的原因,然后像故事中的主人公小董一样,开始努力摆脱这样的尴尬,争取让自己有限的职业生涯充满无限的快乐,让自己原本就已经负担沉重的职业道路尽量减少那些不必要的坎坷吧。现实的职场是残酷的,不会像故事一样简单,总会充满各种各样我们所不能预料的问题,但无论问题怎么变化,办法只有一个:找到问题的症结,然后据此来解决问题。

"红人"总是为非作歹

每个公司里都会有老板喜欢的人,这类人往往是因为能力突出、业绩良好。而且很多公司里都有这样的人:老板信任他,给了他很多特权,这个人手里掌握着重要的资料和客户,而且会和老板汇报员工的动态……这些人正是老板的亲信,这类人在老板面前可以说出自己的想法,老板一般都会很重视。这类人有很多让其他员工讨厌的地方,就是这些人会把老板对他们的信任和重视作为他们的"武器",并利用这样的"武器"来对付身边的人,这就是在公司里为非作歹的"红人"。如果你在公司里遇到了这样的情况,你该怎么办呢?是斗争到底还是求饶妥协,是跟他钩心斗角还是直接拼个你死我活?其实,还有很多办法让你走出被"红人"算计的尴尬和无奈,就像故事中的女孩一样,获得自己的快乐工作。

小青在一家外企工作了整整三年之后换了份新工作,由于有外企工作经验,这份工作待遇很好,而且职位也不低,是公司的部门主管。高高兴兴来到新公司上班的小青,第一天就感到了周围的气氛有些不友好,另一个部门主管王丽对自己的态度有些不太正常,而且看自己的眼神也很异样。经过一段时间的了解,小青终于知道了王丽对自己不友好的原因。原来公司只有一个主管,就是王丽,然而公司为了发展新业务,高薪将小青请了过来,小青的待遇远远超过王丽,这些因素让王丽心里很不舒服。而且王丽是老板身边的"红人",由于工作能力比较突出,为人也很强势,很多员工都怕她,所以老板才让她做了主管。自从她坐上主管的位子之后,待遇自然是员工中最好的,在老板面前说话也自然是最有分量的,所以更加不可一世了,在这个公司里,还没有谁可以比她职位更高、待遇更好。小青的到来打破了这样的局面，虽然职位没有她高，但是待遇比她高出了很多，更重要的是，小青的能力比她高了很多。于是王丽开始想尽办法让小青知道自己的"厉害"。无论是在日常工作中还是在领导的面前，王丽总是想尽办法让小青"出丑"，这让小青觉得工作压力实在是很大。

后来，小青面对王丽对自己的刁难，终于想到了一个好办法。小青找到老板，要求做新的项目，并且向老板说出了自己的规划。老板听了小青的计划之后，觉得十分可行，就答应小青独立做这个项目，同时答应了小青的条件：不让其他部门的人干涉自己的工作，让老板给了自己充分的权力，而不是像原来那样，很多事还要通过王丽来解决。一段时间过后，小青成功地完成了自己的项目，给公司带来了超乎想象的收益。这一回，老板对小青更加重视了，很多事情直接找小青说，而不是像原来那样通过王丽向小青转达。通过这件事，小青彻底摆脱了王丽对自己的束缚，再也不会受到她无理的待遇。

小青通过自己的努力和能力证明了自己的价值，而且摆脱了那些所谓的"红人"对自己的不公正待遇。然而实际工作中，并不是所有的人都能够像小青一样有机会，如果你只是普通员工，不能像小青一样独立做项目，那又该怎么办呢？那就看看下面这个故事中的主人公是怎么做的吧。

波波是一个文化公司的普通员工，在公司中主要做经营工作。而自己部门中有一个业务十分突出的人小玲，别看这个小玲学历不高，但是很会说话，尤其是在跟客户交流的时候很有一套，所以业绩也是最好的。她一个人的业务量可以抵得上其他三四个业务员，自然就受到老板的重视，成为了老板身边的"大红人"。老板经常让她给其他业务员培训，而且公司里有什么重要的项目就让她去做，一旦她的业务和其他业务员发生冲突的话，老板总是向着她，把机会给她。就这样，小玲挣钱的机会比其他人多了很多，而业务也越来越好，想当然地成为了部门的核心，除了部门主任，她谁都不放在眼里，尤其是其他几个业务员，有什么事她就趾高气扬地吩咐其他人给自己做，而且一旦哪个人不愿意的话，她就会找机会向老板打小报告，说这个业务员的坏话，部门的风气也变得乌烟瘴气。

由于小玲的颐指气使，整个部门的员工都对她很有意见，但是跟部门主任说了又没有多大效果，原因就是小玲很会在领导面前表现，与部门主任的关系十分好，而且也从来不在领导面前表现出什么错误，在老板面前更是一个兢兢业业好员工的形象。波波作为老员工，多次和小玲建议要和大家搞好关系，做人做事不要太过分，但小玲根本不听她的，波波也拿小玲没办法，索性就不再和她交往，工作的时候也不跟她交流，几乎不和她说一句话。其他那些忍无可忍的业务员也开始不和小玲交往，在集体活动的时候也不和她在一起，如果部门有什么聚会都不答理她，每天不跟她说话，吃饭的时候小玲也只能一个人去。就这样过了一段时间，已经没有一个人和小玲交往了，小玲除了是领导身边的"大红人"以外，几乎成了公司里人见人烦的对象。

受到了孤立的小玲十分苦恼，虽然老板看重自己，但人毕竟是群居动物，需要和周围人的交流并且进行日常活动，而部门中的人都不和自己说话，自己的日子实在不好过。小玲终于妥协了，向大家表示了自己的歉意，并且采纳了波波的建议，和大家相处得融洽起来了。

在公司里，如果谁凭借着自己是老板"红人"的身份而为非作歹的话，就让他知道，为非作歹的最终结果就是自己倒霉。当然，这个故事不是让人联合起来对付某一个人，但有时候在职场中，有些本来不该犯的错误，却因为老板的器重而犯了，就像故事中的小玲一样，所以这个时候就应该给他们一定的惩罚，让他们改正，这样自己才不会在工作中再受到那些不公正的待遇，才会让自己工作的环境更加和谐，更加快乐。

职场政治让人筋疲力尽

在职场里打拼了一段时间的人都会发现这样的现象：公司即使没有多大规模，就算只有十来个人，一样会有不同的派系，会有不同的利益冲突，会有不同的实力相互纠结。可以说，几乎没有一个公司里没有派系斗争的，即使表面上看起来没有，其实暗地里依然是你争我夺、斗争激烈，这是人的本性。"有人的地方就有政治"，这也是职场生活中不争的事实。面对各种利益在自己面前的不断碰撞而产生的战火硝烟，该怎么办呢？是加入某个帮派力争"地盘"，还是做个墙头草随风摇摆呢？在复杂的职场关系中，一个自身利益受到威胁的职员该何去何从呢？

琳琳工作已经两年多了，由于原来的公司里人事关系复杂，琳琳十分不喜欢，所以最近换了个新工作。新公司人比较少，在琳琳看来，人少的地方是非就少，只有十来个人的公司里，相信就不会有什么派系斗争了。可上班第一天，琳琳就觉得自己原来的想法有些错了。原来，在这个除了老板只有8个人的公司里，关系依然不简单。琳琳在上班的时候发现，办公室里的主管只要一说话，立刻就会"一石激起千层浪"。另一个年纪较大的副主任总是和她对着干，只要主任说好的，副主任就会提出异议，只要主任说是对的，副主任就会挑出毛病。总之，两个人就像水和火，总是那么不相容。问题是，主任好像并不能把副主任怎么样，因为副主任的话听起来似乎没有什么破绽。到了中午吃饭的时间，副主任和其他两个人先走了，接着办公室的另三个人也走了，只剩下主任和琳琳两个人了。琳琳没办法，只好和主任一起去吃饭。吃饭的过程中，在主任喋喋不休地叙述里，琳琳才知道，主任由于势单力孤，在这个公司里并没有实际的地位，依照目前的情况来看，主任十分想把琳琳发展成"自己人"，希望自己和她一条心。可琳琳又是一个不喜欢争斗的人，离开上一个公司就是为了避免这样的争斗，没想到新公司第一天上班就开始了派系划分，比自己原来的公司还要厉害。一想到要在这么复杂的人际关系中工作，琳琳立刻感觉到一种发自内心的疲惫。是再换一个工作远离这样的环境，还是选择一个自己可以依靠的"靠山"呢？

很多人都会遇到和琳琳一样的问题：在工作中，遇到了各种利益关系的冲突，代表着不同的派系，尤其是那些大一点儿的公司，这种斗争就更加激烈。如果能够在这样的职场斗争中找好立场，找好方向，就会为自己的职场生涯增添无限的动力。不过，如果没有办法捋清其中的脉络，恐怕就要像下面故事中个的主人公一样痛苦万分了。

亚杰大学刚毕业，很幸运地被一家规模很大的数码公司聘为了秘书。亚杰十分高兴，准备努力工作，对得起几千块的工资。然而，单纯的亚杰没有想到公司里的人际关系是那么复杂，自己都已经工作两个多月了，还没有搞清楚同事之间的关系。自己一个新人，显然已经成为了办公室中的一棵孤草，没有方向，不知道该怎么办。每天上班都觉得身心疲惫，不知道哪句话说不好就得罪了人，也不知道自己该怎么应对这复杂的职场政治。亚杰的情况很快就被爸爸发现了，亚杰的爸爸是个经理人，有丰富的职场经验，了解到女儿的情况之后，爸爸对亚杰说：

"在职场中，政治活动是工作中的常态，假如没有了政治活动那才是怪事。像你这样的新人，好多熬不过去这一关，虽然他们有很强的工作能力，但是由于适应不了复杂的工作环境，最后只能黯然离开。所以，像你这样刚刚步入职场的人，一定要好好学学职场政治这一课，让自己在复杂的职场关系中找到自己的位置，并逐步适应这样的关系环境，进而成为职场高手，而不是成为牺牲品。其实要做到这一点也不难，只要你做到以下几步就行了。

"首先，要摆正心态。职场政治是每个职场人都不可能避免的，是所有职场人都必须面对的问题。只要有人工作的地方，就会存在职场政治。即使你拥有一身本事，也要学着了解办公室的生态环境，才能保护自己不受伤害。你得乐于与职场政治共处，还要认识到，职场政治虽然复杂，但是一样可以处理得很艺术。任何事情，只要方法运用得当，就会产生有利于自己的结果。

"其次，要充分了解职场当权者的个人资讯。在一个新的工作环境，第一件事就是要了解这个工作体系中真正掌握权力的人。比如管理阶层的各级上司，还有那些职称不算响亮但却掌握特殊权力及资讯的'幕后掌权人'，例如总经理的特别助理、老板的配偶、上司的秘书、工作团队中人人尊敬的老大哥、老大姐们，甚至于总机、总务人员等。多观察，多请教，深入地了解每个掌权人的学历、家世背景、工作经验、对公司的贡献以及升迁历程等等。通过这些资料了解公司重点人才的特质，为自己和这些人之间的互动打下良好的基础。

"第三，熟练掌握公司的当权者之间的派系分布。职场政治一定会分为不同的派别，也许公司副总与行政部主管是大学同学，而你的上司则和财务主管是生死之交，还有销售部经理曾在争夺公司副总的过程中输给了现在的副总，还有各种血缘关系等等。掌握了这些信息，会给你的职场生涯打好预防针，免得工作中一不小心就得罪了某一派系。

"第四，看准当权者，和他发展良好的关系。除非你是公司唯一的天才，公司少了你就不能生存，否则，即使你有再强的能力，也要和掌握公司权力的人以礼相待，而且这也是一个员工最起码的修养。但要注意，以礼相待不是阿谀奉承、拍马屁，要有礼有节才行。

"第五，表现出你的忠诚。无论对方是因为工作还是私事需要帮助，如果你能挺身而出帮他化解尴尬，都能适度地表露自己对于掌权人以及对公司的忠心态度，都会为自己赢得良好的声誉。

"第六，要与大家建立诚恳沟通的渠道。合时宜的真诚称赞，不仅可以显示出自己的水平和真心，同时更会获得对方的好感。假如自己有不同的意见要表达，也要用简易的方式消除敌意，建立起和大家互信沟通的模式，进而发展恰当的同事关系。如果有合适的机会跟上司一起参加工作以外的私人活动，这是最好的机会，但要记住，即使上司跟你在私下里无话不谈，在工作的时候，一定要摆正自己的位置，上司就是上司，不要忘了角色转换。"

听了爸爸的话，亚杰如梦初醒，终于找到了职场奋斗的方向，掌握了职场人际关系的处理方法，很快就得到了回报，不但工作顺利，还结交了一些好同事。

职场政治是身在职场的人都会遇到的事，无论自己是否喜欢，都会在不知不觉中成为其中的一员。职场政治的最终目的是为了获得保障自身的权利，除非你一点儿也不在乎自己的权益是否受损，否则，总要或多或少地用心经营。所以，关于职场政治，既然身在其中，就该调整心态，用最佳的方法来参与，摆脱工作中的烦恼，最终成为职场达人。

当受到年龄歧视

有没有这样的感受，刚刚过了30岁，就已经觉得自己老了，尤其是在工作当中，看到那些80后、90后在自己面前生龙活虎地甩开膀子大干的时候。还有那些让自己不得不承认的尴尬场面：比自己年龄小的后辈已经开始成为了自己的领导，比自己后进公司的年轻人取得了比自己还要好的成绩。如果你稍微留意，你就会发现，在很多外企公司里，25-35岁的白领很多很常见，而40岁以上的员工却十分少，年龄已经开始让人感到尴尬了。曾有人说："二三十岁的外企员工是意气风发的，但40岁左右的经理人是很尴尬的。"

就像下面故事中的阿明一样，年过四十，发现职场上开始出现了很多自己也不是很明白的事：领导开始注重那些比自己年轻的人们，自己虽然已经在公司拼了十多年的命，为公司流血流汗地付出了那么多，可是到头来依然两手空空，甚至在很多时候已经成为了公司的"累赘"。

阿明已经40岁了，在公司里也干了十几年了。十几年来，阿明一直兢兢业业，把工作当做自己的事业来看待，可以说，像他这样的人已经不是很多见了。公司里的人对于阿明这样的工作态度也十分肯定，对于他也十分尊重。阿明是公司里年纪比较大的员工，在很多事情上都会照顾那些年轻人，无论是工作中还是生活中，阿明已经成为了很多同事的好指导、好哥哥。然而就在这一年，阿明的领导退休了，空出来的位置阿明十分想得到，阿明也觉得自己完全可以胜任这个职位，完全可以当好这个领导。然而，最后老板的决定却让阿明十分揪心，自己不但没有成为领导，而且自己根本就不在老板考虑的范围之内，老板的候选人名单里全是些年轻人，而且都是受过自己帮助的年轻人。阿明十分不解，这些人论经验论资历没有一个可以胜过自己的，为什么他们就成了候选人，而自己却没有机会呢？

一向沉稳的阿明实在想不明白，就找到老板问自己什么地方做得不够，这次为什么没有给自己机会。可他却没有想到，老板给他的理由十分简单：把机会给那些年轻人，他们有更大的发展空间。原本一直让阿明视为是经验标志的年龄，此刻却给自己带来了升职的阻碍。阿明就是想不通，为什么自己的年龄会让自己在升职的过程中败下阵来，中国不都是论资排辈的吗？怎么到了自己这里就不是这样了？自己是不是也应该像很多人那样，换个工作，去跳槽呢？

阿明把自己的苦恼跟一个做经理人的同学说了，同学听了以后对他说：

"其实年龄问题已经成为了让很多职场人感到尴尬的问题，不只是你遇到这样的情况，在很多地方都有这样的现象，尤其是在我工作的外企，这种现象更多。这是活生生的现实，我们只能用更好的心态去面对。不过如果你仔细想想，其实道理也很简单，一旦一个人的年龄超过了35岁或者说40岁，他们对于薪资要求就会变得很高，而他们的实际才能其实又不那么出众，作为公司的老板，你会怎么选择？而那些二十多岁的年轻人，生活的压力小，身体状况好，他们的父母身体还好，自己又没有孩子，还不用还各种各样的贷款，每天有足够的时间和精力扑到工作上。虽然他们没有什么经验，但那是相对的，他们的工资也没有那么高，而且他们自己也觉得挣得不多也够花了。而再看看你自己，已经40岁，父母也都老了，需要你照顾，需要看病要吃药，而自己要还房贷，要养孩子，还要有各种各样的人情往来……即使每个月都给你涨工资都会觉得不够用。所以，看待工作，眼光要放远一点儿，一时的谁高谁低并不能说明什么。"

朋友的话让阿明感到了很多安慰，和那些还不如自己的人相比，自己已经很不错了，收入不低，公司里的人又很喜欢自己，虽然没有当上领导，但是大家对自己的尊重依然在，也许自己没有机会了，但工作还算顺心，与其因为这件事而换工作，面临到处找工作的痛苦，还不如踏踏实实地把自己现在的工作做好，找工作最终的结果也许还不如现在。想明白之后，阿明和以前一样兢兢业业地工作，不久之后还得到了老板的加薪。

实际工作中，很多人都会遇到阿明这样的遭遇，虽然自己不想承认年龄给工作带来了一定的影响，但在职场中，这就是活生生的现实，谁也不能否认年龄给职场生涯带来的尴尬，尤其是女性，这种尴尬可能会更加明显。当你已经过了35岁，有没有发现找工作的时候已经开始受到限制？很多公司都会做这样的招聘广告：35岁以下，有3年工作经验，有本行业工作经验者优先……一旦年龄超过了一定的界限，就会发现职场中已经有很多事情不适合自己去做了，有很多职位与自己有缘无分了。

　　这样的时候，不要因为一时的不顺而放弃自己的职业，而是应该和故事中的主人公一样，摆正心态，真实地去面对，这毕竟是躲不掉的东西，只有心平气和地去面对，才会让自己找到职场发展的正确道路，而不是因为一味地抱怨和郁闷而失去本来属于自己的机会。

第三章

这样的滋味让心里很痒

工作中,有没有这样的感受:大家做同样的工作,成绩也差不多,但别人得到了老板的重用,自己却一直不被公司重视,没有新项目,也学不到核心技术。还有更多的让自己内心不平衡的事:虽然平时加班比谁都多,可领导就是看不见;虽然自己有很高的学历,可还是得不到认同;虽然自己总是努力工作不怕吃苦,但就是没有人注意你;虽然自己为人正直问心无愧,但在职场上就是不能够一展拳脚找到立足之地;虽然自己有能力做好很多工作,可领导就是当自己是空气,不给自己机会;虽然自己明明是块金子,可就是发不了光亮;虽然……有太多的虽然,可是自己就是改变不了现状,就是不能摆脱职场给自己带来的种种困扰。这样的时候,是不是觉得心里很不是滋味?是不是觉得自己有劲儿没处使?是不是觉得自己被工作搞得心里痒痒的?其实这些都是由于自己工作方式的不科学造成的。那么这一切是不是就不能解决了呢?当然不是,只要认识到自己工作方式上的不足,并且决心改正,这些问题都会迎刃而解。

其实我加班比谁都多

职场中,加班就像吃饭一样平常。关于加班,是任何一个踏入职场的人都要遇到和面临的问题。可是该如何对待这件事,或者说如何从加班这件事上找到工作的突破口和升职的突破口,相信就不是所有职场人都能够做到的了,也许下面的故事会给我们一个启示。

小郭是一名美术编辑,由于工作的关系经常加班,可以说,加班对于小郭来说已经好似家常便饭了,如果哪天没有加班,反而还会觉得有些不对劲了。随着时间的推移,小郭结婚了,有了孩子,加班对于她来说就开始有了不同的意义。不是小郭怕苦怕累,而是的确没有以前那么多的时间耗在公司里了。不过小郭对待工作的态度依然没变,还是和以前一样兢兢业业。虽然自从有了孩子之后在公司里加班的时间少了,但是小郭每次都把工作带到家里来做,一方面不会耽误工作,另一方面还可以多照顾孩子。可是公司的领导并不知道这件事,只是觉得小郭有了孩子之后,工作就没有以前那么专心和敬业了。而此时恰逢公司里有人事变动,比小郭晚进入公司的小翟升职做了部门主任,而小郭虽然在专业技术和个人能力上都比小翟出色,但是却因为"工作态度"的问题,失去了这次机会。

小郭虽然对这次人事变动没有抱太大的希望,可是结果还是让她心里很不好受,毕竟自己比小翟更加适合这个岗位,但是机会却没有垂青她。后来,小郭无意中得知自己没有升职是因为工作态度不端正。而小翟则将公司当家,几乎住在了办公室,虽然个人能力比小郭差了些,但是工作态度是好的,每天都加班，每天都是最后一个离开办公室。就凭这一点，就说明小翟是个好同志，是一个可以委以重任的人。

知道事情的原委之后，小郭不免有些失落。自己虽然没有像小翟一样，每天都是最后一个离开公司，但是自己在家中所做的工作累加起来，却是公司中加班最多的人，可是自己却没有得到升职的机会，想想不免有些伤心，工作也没有以前那么积极了。小郭的变化引起了上司王经理的注意，了解了小郭的情况之后，王经理对小郭说："任何一个需要发展壮大的公司都会有加班，每一个优秀的公司，都会有一批又一批以加班为乐的人，他们把自己献给公司，也正是这些人，正是这种精神，才造就了那么多优秀的企业。在看待加班这件事上，有的人会把加班看成是自己的负担，觉得加班剥夺了个人的时间和生命，而有的人刚好相反，认为加班对于自己来说是件快乐的事，是自我价值的良好体现，不但为自己赢得了更多更大的空间，还会让自己在工作发展上更加顺利，学到更多的东西，赢得更多的机会。举个例子，有两个人，同样的专业水平，同样的聪明程度，同时进入公司，一个人按时上下班，另一人每天要在公司多工作两个小时。一年以后，两个人在公司的发展会是一样的吗？叫你做老总，你会喜欢、信任哪一个？答案是不言而喻的。虽然我知道你也是个好同志，对工作也是认真负责，而且听你说还把工作带回家去做。但是，加班也要有成果才行，小翟加班不但大家有目共睹，而且还有很好的成绩，而你虽然加班很多但并没有因为加班而产生什么特殊的效果，这也是你这次不能升职的原因。即使是加班，也要讲效率的，这也许是你应该有所改进的地方吧。"

"可是我一样在加班啊，只是我没有在单位加班而已。"听到经理这么说，小郭心里不免有些委屈。不过想想经理的话，他说得并没有错，虽然自己加班是最多的，但工作效率并不是最高的，也许真的是自己的工作方式有问题，所以才失去了这次机会。想到这些，小郭释然了，决定调整工作状态，不仅加班，还要让加班产生良好的效果，让加班花费在那些最值得做的工作上。

就这样，小郭很快就赢得了努力工作的回报，晋升为了部门主任。

工作方式在很大程度上决定了工作的最终结果，工作态度端正就要让领导知道，这样做当然最好，不过如果条件不允许，只能够像小郭一样，把加班的努力放在暗处进行，那也没关系，只要工作成绩做出来了，领导总会看见你的成就。当然话说回来，任何工作都要以最佳的方式进行，就算是加班这件事也是一样，不要以为自己做了就好了，更多的时候还要像下面故事中的主人公一样，做了还要表现出来，这样才会让自己的努力展现出来。

小杨在一个文化公司做编辑，公司经常组织一些活动，邀请相关领导和客户来参加。一次，在一个大型的活动上，公司邀请了很多人，还有很高级别的领导。老板也很重视这次活动，仔细安排了每个人的工作。可是在会议快结束的时候，小杨发现那个最高级别的领导正要离开，而事先安排好送领导的人竟然没有在。小杨看到这种情况，马上走上前去，引领那位领导走出了迷宫一样的饭店会议室，还把领导送上车，并送上了公司事先准备好的礼物。事也凑巧，正好那位领导有事需要公司帮忙，他有一本书需要请公司的编辑给看看，于是就顺便将书稿给了小杨，希望他能够帮着看一下。因为那位领导经常来公司，大家都很熟了，小杨虽然知道公司最近很忙，但还是把书稿接了过来，并用了一个晚上的时间给看完了。

第二天，小杨把书稿交给了老板，并告诉老板这是那位领导让自己看的，自己加班给看完了，但由于时间仓促，还要请领导给把关。小杨当然不是担心自己的编辑水平，而是通过这样一种方式让老板知道自己都做了些什么。老板了解了事情的全部过程之后，对小杨的做法十分满意，觉得小杨是一个替公司着想的人，大大地表扬了他。后来，公司业务拓展了，老板将小杨升为了经理，给了小杨更好的发展空间。

当然，小杨的成功不仅仅是因为会议中的那两件事，他还有更多的优点和能力，但是他的成功和那两件事却是分不开的。通过那两件事，小杨将自己对公司的忠心表达了出来，也将自己的工作态度立场鲜明地表现了出来，这自然会给老板留下一个好印象。而身在职场的你，在因遇到了小郭一样的问题而烦恼时，是否能像小杨一样将问题化解，从问题中找到突破口，找到自我发展的动力呢？

高学历也没起到作用

在职场生存，首先需要的就是学历，如果没有学历，就你不会有机会。虽然我们现在都在高喊"能力最重要"，但是如果没有学历做敲门砖，一切都会变得不切实际，因为根本就不会有人问津，根本不会有人让你拥有一展才华的机会。然而，有了学历并不代表有了一切，实际工作中，光有学历还不够，还需要有能力，只有将这两者相互结合起来，才会在职场中战无不胜。

小邱是国内重点大学的研究生，学习成绩名列前茅。毕业的时候，经过学校推荐，小邱成功到一家科技公司工作，主要做和自己专业相关的社会研究工作。刚刚毕业的小邱怀着满满的信心来到了工作岗位，准备在工作中大展拳脚。然而让小邱没有想到的是，实际工作和学校的学习完全是两码事，由于自己这么多年来一直专心学习，没有进行社会实践，所以很多事情都不了解。尤其是自己现在这份工作，做社会研究主要靠社会实践。而小邱又是个比较内向的人，不太喜欢与人打交道，因此在工作中，小邱总是感觉到力不从心。

过了一段时间，小邱的试用期到了。在这几个月里，小邱几乎没有什么成绩，因为他不知道该怎么工作，虽然是名牌大学的研究生，但是工作能力却和自己的学历相差甚远。而和自己共同试用的一个只有本科学历的女孩，工作成绩远远超过了自己。经过公司的讨论，最终小邱没能在公司继续留下去，而那个本科女孩却成功通过试用，成为了胜利者。

有了高学历的小邱因为没有高能力，所以成为了职场的失败者，这是值得每个职场人警醒的事。然而，有了高学历，并且有了高能力，也不一定就会在职场"要风得风，要雨得雨"，也不一定就会成为职场中的宠儿。就像下面故事中的小黄一样，虽然有了比别人高出很多的高学历的优势，而且在工作能力上也比上一个故事中的小邱好很多，但这依然不能让他在职场上顺风顺水。究其原因，就是一个人如果要成为职场的宠儿，还需要除了学历和能以以外的其他东西。

小黄是中国"211工程"中的重点大学毕业的博士生，他从小聪明好学，学习成绩一直是班上最好的，学习道路一帆风顺，从小学一直到博士，学习都十分顺畅，而且成绩也相当优异。博士毕业后，只有28岁的小黄进入了一家外企工作，主要是从事和自己专业相关的工作，小黄学的是现代汉语专业，按理说这个专业进入大学当老师应该比较合适，但是小黄觉得在企业有更多的发展机会，于是选择了企业。在公司工作的主要内容是公司宣传这一块，小黄工作的公司是世界500强企业，对于公司文化这方面十分重视，这也给了小黄一展才华的机会。

工作一年后，原来的部门主管离职了，空下来的主管位子成为了小黄努力的目标。然而一切都不会那么顺利的，因为这个位子不仅仅是小黄想得到的，也是部门中每个人都想得到的。不过面对严峻的竞争形式，小黄并没有觉得有什么压力，因为在所有的5个人当中，只有自己学历最高，其他人都是本科，而且他们来公司的时间也比自己长不了多少，自己的优势很明显。

一周之后，公司相关负责人开始找每个人谈话，小黄当然没有浪费这次谈话的机会，把自己的想法统统说了出来，希望自己成为主管，而且自我感觉良好。谈话之后，宣布结果的时刻到了。正当小黄美滋滋地等待宣布自己是部门主管的时候，领导却委任了另一个同事做主管。这让小黄十分惊诧，那个同事来公司的时间和自己差不多，而且也没有什么建树，为什么是他而不是自己呢？自己和他比没有什么不及他的地方啊？可这一切是因为什么呢？

　　回到办公室，百思不得其解的小黄正在办公桌前发愣，同事的谈话让他明白了很多道理。原来，领导找大家谈话的时候，征求每个人的意见，除了新任主管和小黄以外的三个人都推选了现在的新任主管，而只有小黄自己推荐了自己。小黄虽然工作还行，但是为人过于高傲，不把大家放在眼里，总认为自己学历高，能力也不错，所以就觉得自己很了不起。可是新任主管却不同，他和大家打成一片，工作中也尽量帮助大家，和大家相处得十分愉快，更重要的是，他工作能力很强，绝不比小黄差。

　　听到同事的议论之后，小黄才知道，在实际工作中只有高学历和高能力还不够，更要有高情商才可以。

　　也许小黄的故事会给一些高学历的精英提供一定的参考价值，高学历的确让人羡慕，但在职场中，这并不是唯一的优势，即使自己在有了高学历的同时还具有高能力，也不一定就会成为公司的升职对象。如果想在职场上成为升职的最佳人选，更重要的是在具备了高学历和高能力之后，还要有高情商，要有和人相处的本领。不要以为自己学历高、能力高就可成为下一任领导的最佳人选，殊不知，还有更多的因素决定着你的升职机会。只有这些条件都具备了，才会有好的前程。

　　职场就是这样十分现实的地方，如果你没有作好准备，如果你没有明白其中的道理和奥妙，那么就只能像故事中的主人公一样，错失自己的发展机会，只能眼睁睁地看着别人风光无限，自己却在痛苦中等待下一次不知道什么时候才会来的机会了。而如果不改变自己的工作方式，即使有了新的机会，也不一定就会轮到你的头上，说不定会和现在一样失去竞争力。所以说，身在职场一定要让自己逐步完善，一步一步提高，只有这样才会成为新机会的主人。

吃苦却得不到回报

从毕业的那一天开始,每个立志于在职场上有一番作为的年轻人都免不了要面对职场的各种挑战,而职场新人最容易碰到的事情就是:在经过一轮又一轮的面试之后,终于过五关斩六将地杀出了重围,可迎接自己的却是弃如敝屣般地被置于公司最阴暗的角落,或者在一些不受重视的部门从事不受重视的工作,或者在某个部门里没日没夜地打杂跑腿。似乎自己大学几年下来只能复印文件、送个邮件,和自己最初踏入职场时的目标相去甚远,甚至是有天壤之别。更可悲的是,有时候还要面临公司老员工的无端指责,就算自己使出浑身解数,就算自己毫无怨言、任劳任怨,也得不到他们的认可,连一句贴心的话都没有,更不要说是有升职的机会了。这个时候往往会感觉自己学不到公司承诺给自己的核心技术,接触不到核心项目,更加受不到公司的重视和提拔。尤其是看到有人兴高采烈地搬进了新的办公室,获得了公司的认可,得到了同事的尊重,自己的心里真是既羡慕又嫉妒,既着急又上火,可自己就是找不到正确的途径。看到别人风风光光,自己心里都痒得不行了,可只能在黑暗的角落里继续自己打杂的生涯。这个时候,对于新进职场的人来说,应该怎么办,何去何从呢?

其实,很多刚刚进入职场的人都会认为,只要吃苦努力自然就会得到认同,就像下面故事中的何丽一样,想给大家留下个任劳任怨的好印象,这样的话以后有什么机会就会轮到自己的头上,其实这并不总是正确的。

何丽是一个名牌大学计算机程序与应用专业的学生,因为学习成绩突出,很快就被一家大型的IT企业看中,省去了找工作的痛苦环节。何丽上班后发现，自己要面对的竟是漫长的"行政"工作，虽说身在研发部，但是并没有多少真正的研发工作让自己参与，即使那些老员工都很忙，也不会让自己参与重要技术的研发，只能在外围做一些边缘性工作。何丽感到大学所学的东西无处发挥，十分郁闷，尤其在受到老员工的指责时，何丽更加感觉到理想和现实之间的差距。自己埋头苦干，每天总是第一个来上班，无论是谁支使自己都毫无怨言，可到头来却落了一身的错。而和自己一起来的同学都开始参与重要项目策划了，过得顺风顺水，可自己还是个跑腿的，而自己的专业能力绝对不比那个同学差，看着人家春风得意，自己都羡慕的眼睛痒痒了。后来，何丽想到了一个办法，她约了那个同学，想和他好好聊聊，找出真正的原因。

听到何丽的诉苦，那个同学先是哈哈大笑，然后神秘地说："其实你是工作的方式不对，才得不到别人的认同。依我看啊，你这个人太不爱讲话了，虽然说话多了会惹来麻烦，但该说的话还是要说，而且要说到点子上，说恰到好处，这样别人才会注意到你的存在。要不然，不等试用期结束，恐怕你的工作就已经丢了。其实我刚来公司的时候也是不敢越雷池一步，很多话本来是很有建设性的，却害怕说错了而不敢张口。后来我发现，一个新人有不到位的观点是很正常的，没有谁会在乎你说的话中有不足之处，所以不要吝惜自己的建议。还有，我逐步了解了办公室里每个人的背景，尽量摸透他们的脾气秉性，然后对症下药，这样很快就取得了他们的喜欢，他们觉得我这个年轻人还不错，当我问一些问题时，他们会很耐心地给我解释，甚至还会给我提出很多的建议，所以我才有了这么快地进步。"

听到这里，何丽才明白，原来自己只顾埋头苦干了，什么事情都小心翼翼。按理说这没错，在职场里，小心驶得万年船，可凡事都不能过度，自己就是太过度了，才会造成了别人认为自己什么都不会、什么都不敢表达的坏印象，这样自己除了打杂还能干什么呢？想到这里，何丽终于有了自己的解决方案。回到家里，何丽首先总结了自己这段时间的工作方式，然后一一列出来，接着总结了自己每天工作的主要内容，回想了自己是怎么度过每一天的。总结完之后，何丽总算找到了原因：每天只知道闷头干活，和同事的交流太少，甚至有的人还没有说过三句话，还有自己说话时总是小心翼翼，生怕说错了什么，有时候即使说了，可能方式不太合适，容易让人产生误会。还有，自己实在很少主动和老员工交流，别人问什么自己答什么，见了面也不好意思打招呼，生怕别人不认识自己而产生尴尬。

找到问题后，何丽针对每一个问题逐步实施解决方案：不失时机地向老员工请教；在除了办公室以外的公共场合遇到同事点头微笑，或者说声"你好"；遇到大家讨论的时候也积极参加进去，不失时机地发表自己的意见；在部门会议上也尽量发表自己的看法；发挥自己的特长，多为办公室的人服务；把自己的想法运用到工作中……就这样，一个月之后，何丽感觉大家对自己的态度有了明显的改变，说话也随便起来，有什么事也主动邀请她一起参加。很快，何丽找到了公司的发展脉络，开始尝试制订个人发展计划，还做了很多项目的模拟方案。当她把这些方案交给部门领导看时，没想到得到了很高的赞同，上司不仅表扬了自己工作积极，还指出了自己的不足，这对于一个新人来说是最重要的帮助。后来，何丽方案中的很多思路都被应用到了部门新项目的开发中，何丽的能力得到了大家的认可，自然成为了核心项目的主创人员，而且还在年终时获得了公司的新人奖。

其实何丽的经历让我们明了了一个问题：一个新进入职场的人，光吃苦耐劳、埋头苦干是不够的，还需要主动发挥自己的特长，逐渐融入集体，得到认同，这才是最重要的。有很多人刚刚进入职场就遇到了问题，虽然努力付出却没有回报，让自己感觉痒痒的。其实，只有像何丽一样，逐步改变自己的工作思路，才会让自己的工作之"痒"逐步消除。职场就是浓缩的社会，不要小看了一共只有几个或十几个人的办公室，能够处理好办公室的各种关系，就会让你在社会的这个大舞台上游刃有余，尽情施展你的才能。

找不到最有力的武器

在现代职场上，白领要想取得成功，主要取决于你的常识、学识和胆识这三大要素，三者缺一不可。一个人只有具备了一定数量的常识，才会让自己的品质更加优秀，人格更具魅力。而一个人的学识则决定了工作的能力高低，也就是专业技能的高低，这也是工作中的决定因素。至于胆识，它不但是一个人突破现有思维模式束缚的有力武器，更是勇于创新的巨大源泉。如果一个人具有非常优秀的品质，具有专业化技能，同时，他还敢于打破常规，做一般人敢想而不敢做的事，那么这个人一定就会获得很多人所不能获得的成功。就像卡耐基一样，将常识、学识和胆识这三大要素集于一身，获得了职场胜利最有力的武器，得到最后的成功。

卡内基在18岁的时候很幸运地进入了宾夕法尼亚州铁路公司西部分局工作。就在那一年，发生了一件事。一次，局长去外地度假了，卡内基在局里值班。事情很凑巧，就在这个时候，附近的一列火车偏离了轨道，为了防止发生意外，需要西部铁路分局配合工作，将各班列车改换轨道。接到通知的卡内基马上联系正在休假的局长，但是却没有联系上。可实际情况是，调度列车的权力只有局长一个人有，任何人只要冒用上级的名义发电报都会被撤职查办。但事情紧急又不能够拖延，一旦出事将会人命关天。卡内基考虑再三，觉得这件事十分特别，最后决定还是冒一次险，于是就用局长的名义发了电报，避免了意外发生。局长回来以后，卡内基担心地将这件事告诉了局长，等待局长的处罚。没想到局长听了这件事之后却说："那些总是按规则办事和总不按规则办事的人都只能在原地踏步，而你却不是其中的任何一种。"从那以后，局长重点培养卡内基，使得卡内基一步步走向了成功。

现在的职场，由于大家都面临巨大的压力，使得一些人变得浮躁起来，甚至出现了强烈的急功近利倾向，这对于本来就缺乏职场常识的人来说，更是雪上加霜。很多人动不动就想跳槽，想靠跳槽来摆脱困境。可是跳来跳去，到最后却发现自己仍然在原地踏步，和刚出校门时的处境一样，但是刚出校门时的激情和理想却已经不见了，而人也开始变得迷茫起来。

谁都渴望成功，可并不是谁都能够获得，获得成功的人总是少数，这不是因为成功有多么遥不可及，而是我们很多时候没有找到获得成功最有力的武器。在日常工作中如何让自己成为和卡内基一样的人，成为一个具有职场生存秘诀的人呢？那就只有通过不断的进步，让自己逐渐掌握成功的要素。只有这样，才会像下面故事中的主人公侬侬一样，改变自己的处境，找到职场上最有力的斗争武器，得到自己想要的东西。

侬侬是公司里的会计，这份工作侬侬已经做了5年了，也算有丰富经验了。虽然侬侬原来不是学会计专业的，但自从机缘巧合地做了公司的会计之后，侬侬觉得会计工作也没什么难的，自己也考取了会计证书，完全可以应付了，工作中也从来没有出过什么差错。过了两年，公司规模扩大了，由于工作需要，公司成立了财务部，财务工作人员由原来侬侬一个人变成了5个人。这样一来，就需要有个负责人来管理日常工作。对于侬侬来说，这个负责人非自己莫属了，不论是从资历还是从业务方面来说，侬侬觉得自己都是最佳人选。可让侬侬没想到的是，最后的负责人却不是自己，而是新来的萧萧。

侬侬对这个结果有些不理解，但是又不能直接去问老板，于是自己就在那里想这个问题，可怎么想也想不明白，自己究竟哪里比萧萧差了。后来，老板还是发现了侬侬的情绪，对侬侬说："不是你工作不够好，也不是你的能力不够强，而是公司目前的发展状况需要专业化的财务人员。虽然你考取了会计证，但是你并没有在这个基础上不断地向前，也没有将自己的工作职业化的打算。现在，公司规模扩大了好几倍，需要更加专业的人来管理财务。萧萧虽然来公司的时间短，但是她是一个财务方面的专家，不但有各种各样的资格证书，还有多年的工作经验，这些都是公司发展所需要的，也是你还不具备的。如果你希望有更好的发展，我建议你应该好好学习一些专业知识，拓宽自己的知识面，这样才会有更好的发展。"

听了老板的话，依依回想自己这些年来的工作情况，虽然没有出现差错，但也没有什么特别值得骄傲的地方。而自己这个"半路出家"的会计，虽然专业知识还说得过去，可也正因此而放松了对自己的要求，没有抓紧时间学习新的东西，也没有用更高的目标来要求自己，所以公司现在拓展了，自己的专业知识就不够用了，和那个萧萧相比，的确差了很多。想到这些，依依决心努力学习，提高自己。通过两年的学习，依依也终于成为了财务方面的专家型人才，获得了各种各样的证书，还成为了分公司的财务总监。

"专业"是决定一个人技能高低的重要因素，没有专业化的知识作为保证，就不会有高效率的工作成果，也自然不会有高层次的发展空间。有时是不是在自己的工作中感觉到力不从心？是不是在公司后辈的追赶下有些无所适从？是不是在新的专业知识的要求下身心憔悴？其实，这些都是因为自己还不够"专业"，还没有形成职业化标准。一个人如果没有专业化的技能，就不会成为专业化发展道路上的胜利者。而一个人在职场上如果没有职业化的要求，自然就不会有更好的职业发展空间。如果有一天觉得自己已经在和公司的后辈较量中有些吃力了，那么就证明自己可能落伍了，可能在职业化的道路上偏离了，可能自己的专业水平已经缺失了。

正直让自己不合群

正直是一种品质，是一种做人的态度。但在职场中，并不是所有正直的人都会得到好的结果，反而会有很多时候，因为正直给自己带来很多不必要的麻烦。是不是曾经遇到过这样的情况：因为某个人为人正直总是得罪公司里的人，虽然他有很强的能力，但总是得不到发展的机会。其实这种情况在实际工作中并不少见，也许就是你自身所具有的问题。但这并不代表正直没有了用武之地，在职场上，只要方法得当，宽广的舞台依然是属于"正直"的。

马龙刚刚毕业一年，参加工作的时间也不久，可是遇到的问题却不少，尤其是在工作中，马龙发现自己和同事似乎很不合群。其实早在学校的时候，马龙就发现自己有这方面的问题了，但是一直忙于学习，没有重视起来。在大学的时候，大家对马龙的评价就是很正直，看到不平的事从来不会只是围观，比如说同学被其他人欺负，马龙总是帮助他。现在参加工作了，马龙依然保持了学生时代的作风，无论什么事都会以理为重，也正是这样，马龙得罪了好多人。马龙发现自己这方面的问题越来越严重，马龙开始觉得困惑，感到很为难。尤其是在工作之后，马龙发现职场和学校的差别太大，自己在职场上和其他人交朋友，最后不是被人家抛弃，就是被孤立，有时候还被别人当做工具。马龙常常会觉得自己被孤立了，好像交了很多朋友，最后剩下的只有一两个，觉得很失败，所以不敢交朋友。

一次，在同学聚会上，马龙终于说出了自己的心里话："我总觉得公司里的那些人太虚伪，整天面对着虚伪的笑脸，实在无法忍受却又无可奈何，而自己又做不到那种虚伪的境界，觉得人活着就应该光明磊落，当然就只能离那群人远一些,所以时间长了,自己就成了一个不合群的人。每天上班了,我就不太喜欢在人多的地方待,我想只要把自己手中的工作干好就行了,没有必要和那些人在那里装腔作势地说这说那。好在下班之后我还有很多朋友可以一起玩,看来自己并不是很不合群,而是公司里没有志同道合的人,是自己不想看见那些虚伪的人而已。孟子曾经说过:'穷则独善其身,达则兼济天下。'即使自己因为正直的原因而没有'朋友',那也没什么大不了的,志不同道不合的朋友没有也罢。"

马龙抱着这样的想法,在公司中越来越显得不合群了。虽然马龙清高,不愿意和那些见风使舵的同事为伍,但是工作还是要做的。尽管马龙很有能力,可是每次升职都没有他的份,这让马龙十分苦恼,自己的本事施展不开,虽然没有人能把自己怎么样,可是不合群的感觉还是让马龙有些痛楚,感觉工作特别累。

建立良好的人际关系,得到大家的尊重,无疑对自己的生存和发展有着极大的帮助,而且有一个愉快的工作氛围,可以使我们忘记工作的单调和疲倦,有一个良好的心态。遗憾的是,实际工作中总会有很多人和马龙一样,对怎样处理自己的原则和同事的人际关系问题感到很棘手,有时候甚至产生了矛盾。结果,有的人因为处理得不好,同事之间出现深深的裂痕,严重地影响工作,就像马龙一样,甚至已经影响到了自己的职场前途。马龙虽然品行正直,个性清高,不愿意与那些同事一样成为一个虚伪的人,但是也正是他的这种个性,让他在职场上吃到了苦头。那么在职场上,究竟该怎样处理自己的个性和同事之间的冲突呢?是不是为了前途就放弃自己的原则,远离正直的品格呢?当然不是。如果在这个问题上还有什么不明白的,可以看看下面这个故事,相信会有一定的收获。

李建在一家IT公司工作,他的经历和马龙差不多,为人很正直,可是却得到了公司的认可,原来,李建有个哥哥,曾经跟他讲过如何在职场做人的事。

那时候李建也和马龙一样，在公司中不合群，虽然有能力却得不到晋升。后来，李建的哥哥在听了李建的抱怨后给他提过这样的建议：

志同为朋，道同为友。可在职场中，朋友之间可能是同盟，也可能是竞争对手，所以职场上交朋友要有前提。职场上交朋友的基础是利益交换的伙伴关系，彼此间的交往有利于今后各自在职场上的发展，而且要彼此信任，要遵守一定的规则。对于职场中的人来说，工作是你要经营的生意，老板是你的客户，周围的同事是你生意的合作伙伴，大家为了共同的利益维系着彼此的关系。

其实，每个人都渴望与大家一起出出进进、说说笑笑，渴望共同完成一件事情，有难同当、荣辱与共。正直的人也是一样，不管怎么说，正直的人还是人，没有脱离人的本性。而正直的人之所以不合群，往往是人与人交往中各种矛盾的积累所致，将这种天性给扭曲了。但"物以类聚、人以群分"的法则还是通行的。正直的人一样渴望和人交往，只是更加强调与自己相同的人之间的交流。只要我们用心并努力做个受人喜爱的同事，并不是很难的事，关键是要找到适合的方法，这样才不会让自己的正直无的放矢。这个时候不妨这样做：

1. 与同事相处，襟怀坦白，诚实正直，严于律己，宽以待人，对同事要一视同仁，平等对待。不要趋炎附势，阿谀奉承，盛气凌人，这是原则。

2. 乐于从老同事那里吸取经验，对新同事提供善意的帮助，做事动机要纯，行得端，坐得正，有意见最好直接向上司陈述。

4. 用自己的性别优势关心异性同事。在生活上、工作上、学习上互相关心、爱护和帮助，于公于私都是有利的。

5. 不要计较眼前的利益，要放眼将来，同时通过乐观和幽默使自己变得受欢迎。

只要真诚地从这几个方面去努力，做个让人喜欢的好同事，即使你不和那些虚伪的人一样阿谀奉承，一样可以得到一份好人缘。只要我们为人正直，用心并努力，融入集体生活并不难。

后来，李建接受了哥哥的建议，很快就打开了局面，不但保持了自己的原则，而且还获得了同事的认可，在工作中得到了大家的支持，很快就做出了成绩，成为了公司的骨干。

正直的人在职场中一样可以保持自己的正直，因为任何时候，这个社会都不能缺少这样的人。也许很多事情看上去已经背离了我们的初衷，但是只要坚持自己的原则，同时找到一个适合的方法，正直的人才是最终的胜利者。

是金子却不能发光

我们常说"是金子总会发光的"这句话，意思就是说：一个人如果有才华，终归有一天是会被发现的。在现实生活中，这句话应该让我们更加警醒，既然自己是金子，为什么不主动发光呢？为什么要等待别人来发现自己呢？其实，工作中有很多机会是可以让自己发光发亮的，只要好好把握，就会让自己这块"金子"更早地发挥它的价值，而不是在等待别人发掘你的过程中浪费那些不必要的时光。但是把握不好，就会像故事中的小婷一样，发不出光来，只能让自己在心里不是滋味。

小婷大学毕业后报考了公务员，并且以优异的成绩获得了在邮政局工作的机会。在小婷那个城市里，有这样一个工作已经十分让人羡慕了，但是小婷还不满足，她觉得自己的才华远远不止于现在每天分发邮件这么简单的工作，应该有更高的目标才是。可是，究竟如何让自己有更好的机会呢？

经过总结，小婷觉得应该从本职工作入手，从最基本的技能开始，从一点一滴开始。于是小婷开始不断地学习工作的基本技能，希望能够在年终的技能评比中一鸣惊人，成为领导眼中的优秀员工。抱着这个想法，小婷每天都刻苦训练，在工作中更是努力认真，不放过任何一个学习的机会，尽量发挥自己的特长。几个月后，小婷在基本业务方面已经十分熟练，而且利用业余时间不断地强化训练，她觉得自己完全可以成为业务能手了。

年底的业务比拼终于开始了，小婷信心十足，觉得自己的努力不会白费的，一定会在这次技术比拼中获得好成绩。然而，实际的比赛结果却让小婷大受打击，虽然经过了半年多的艰苦努力，可是自己的业务水平和其他老员工相比还有很大一段距离。在这次业务比拼中，小婷只获得了倒数第二的成绩，只比一个老员工稍稍好一点儿。这样的结果让小婷十分沮丧，她觉得自己是不是不适合现在的工作，是不是应该考虑换个行业了。

看到小婷因为业务比拼失利而落寞的样子，小婷的师傅对小婷说："其实你的业务水平已经很高了，只不过和这些有多年工作经验的员工相比，还是有些不足，但是作为一个新人，你的确是优秀的。你希望通过这次业务比拼显示自己的实力，得到领导的认可，这种想法没有错，而你的工作态度和努力程度也让人十分佩服，只是你选择的方向不对，是你自己不具优势的地方。这样，就算你是块金子也发不出光来，也会在众多的珠宝中失去光彩。所以说，不是你不行，而是你的方式不对。如果你发挥你的特长，发挥你大学生的优势，从其他角度出发，去做那些老员工所不会或者接触很少的东西，那么你一定会比现在的成绩好。"

听了师傅的话，小婷总算明白了自己这次比拼成绩不理想的原因了，原来自己舍近求远，忽略了自己的特长。自己是学校网络编程的高手，如果开发出一套可以提高工作效率的程序应用到实际工作中，那不是更能显示自己的实力吗？想到这些，小婷马上开始构思自己开发软件的事。经过几个月的努力，小婷终于用业余时间开发出了适合实际工作的程序，在实际工作中运用了将近半年，并不断地将程序升级完善。在年终的时候，小婷凭借自己开发的软件，一举夺得了技能冠军，软件得到了领导认同，并且开始在全邮局范围内使用，小婷也因此成为了领导眼中的能人，工作职位很快就得到了提升。

不过话说回来，既然自己是金子，要发光发亮，那么就要把握好机会，把握好火候，太过则不及，不到位又起不到作用。这个度究竟怎么把握，这才是最关键的，不过可以看看故事中的主人公是怎么做的，也许对我们会有一定的启示。

小枫在大学学的是网络编程及应用专业，毕业后，他一直想找一个适合自己的工作，他觉得自己有能力操作一个项目，而不是只做一个小小的网络编辑。抱着这样的想法，小枫拒绝了学校推荐的网络编辑的职位，自己开始找工作，到各个网络公司面试，希望成为网络工程师。然而，事情没有想象的那么顺利，在一次次碰壁之后，小枫已经将身上的钱花得差不多了，毕业已经好几个月了，自己的工作还没有着落，小枫开始着急了。后来经过同学介绍，小枫还是到一个网络公司做了一名网络编辑。刚开始工作，小枫十分珍惜这份来之不易的工作，每天都十分努力，只要把手头上的工作做完就去找主管领导要求新的工作，而不是像其他和自己一起进公司的同事一样，在那里无所事事。就这样，小枫只用了一个月的时间就破例地成了公司的正式员工。从那以后，小枫更加关心自己的工作，在一次公司的宣传活动上，小枫还主动向主管提出了自己的方案，虽然这是小枫利用业余时间想出的方案，但是方案很完美，被用在了那次促销活动中，而公司的业绩也因那次促销活动有了好几倍的提升。从那以后，主管升职做了经理，而小枫则理所当然地成为了部门主管。

但小枫的努力并没有因此而止步，他发挥了自己所学的专长，将自己的想法合理地利用到实际工作中，很快就取得了良好的效果。小枫也因此成为了公司的骨干，从原来那个小小的网络编辑，升职理想中的职位——网络工程师，而且有了独立做项目的机会。在做了几个大的项目之后，小枫凭借自己出色的能力，被提升为了公司的技术副总，这让很多同龄人都十分羡慕，也让小枫感觉到了成功的喜悦。

如果说小枫是块金子的话，那么他发光的最重要的原因就是他选择好了适合自己的方式，而不是和小婷一样，由于最初方法上的错误，从而让自己的职业生涯出现了小小的挫折。实际工作中有很多这样的人，虽然自身有能力，是块"金子"，但由于没有选择好"发光"的方式，最终没有得到可以体现自己能力的岗位。

其实在职场上，如果想让自己成为金子，想让自己这块金子发光发亮，光有能力还是不够的，能力只是你作为金子的成本，你还要有让自己闪光发亮的机会和方式。只有方法对了，才会有闪光的机会。否则，即使你是块金子，也不会在星光璀璨的地方显示出自己最光亮的一面。

建议变成了"情绪化"

有没有这样的时候，自己应领导的一再要求，对于某件事提出了自己的想法，但最后却被领导一棒子打死，这还不算，还会给自己带来一个"情绪化"的恶名？职场中，这是很常见的事情，原因各种各样，也许是因为你没有领会领导的真正用意，也许是因为你没有找到合适的时机，也许是因为你没有使用合适的语言……但无论是哪一种原因，都会让自己的自尊心受到伤害，都会让自己的工作受到影响，都会让自己对于职场有了更深的认识。

职场就是这样，看似简单的一件事，到了最后却变得复杂，看似简单的一句话，到最后也许就成为了别人的把柄。就拿表达建议来说吧，就有这样一个故事。

千千大学毕业后在一家报社里做编辑，工作三年了，按说已经是一个"老人"了，可有一天，千千还是犯了个错误，不是工作上的错误，而是职场上的错误。

这一天，千千正在准备第二天的版面，由于过几天要放长假，最近的工作很忙。千千已经很久没有回老家过年了，准备利用春节长假回家看望父母，所以想把下一期的报纸一起做好，这样回家的时间就可以不用那么紧张了。这段时间，千千的工作量十分大，每天都要加班到很晚，但是没办法，谁让自己是外地人呢？不过千千没有因为工作累而抱怨，而是和平时一样敬业和专业。年底报社里要举行各种各样的会议，要大家作各种各样的总结。虽然千千觉得这样的场合其实就是在走过场，还没有多放几天假来得实惠，但是这也是工作的一部分，所以千千也没有怠慢，仔细地将自己的想法都整理了出来，准备在部门会议上说说自己的想法。

千千针对自己的实际和其他同事平时的想法，认真地总结了出了几条建议，希望报社对像自己这样家在外地的员工给予一定的关注，尤其是在春节长假这件事上。虽说现在报社待遇还不错，但是在考勤上十分严格，对于像千千这样的编辑来说，其实没有必要这么严格地要求，只要把报纸版面安排好了，按时出报，其实考勤也不需要那么严格，而且其他报社也很少有编辑还要坐班的要求。在千千看来，自己这个建议合情合理，尤其是在春节放假这段时间，很多外地同事都希望有更多的时间能够在家里陪伴父母，而且也可以躲过回城的客流高峰，一举两得。千千觉得自己的想法很符合实际，所以就在会议上提了出来。然而让千千没想到的是，自己的建议却被领导大大地批评了一番，而且还被领导说成了是"某些员工因为春节请假的事而闹情绪，对报社的领导不服从"等等。听领导这么一说，千千才想起来：前几天自己去找部门主任请假，希望春节后晚回来几天，部门主任不同意，说这样会耽误工作。千千据理力争，和部门主任说了半天，最后部门主任看着脸红脖子粗的千千快要哭了，才勉强同意让千千做完下一期的报纸再走，可以给她多两天的时间，当然那个月的全勤奖自然也就没了。

想到这些,千千才明白,原来主任是觉得自己由于没有顺利达成春节多请几天假的目的而故意在这次会议上发表意见,借以发泄自己的情绪,所以才会给自己扣上了"情绪化"的帽子。千千赶忙找到主任,向他解释自己的想法,还好最终得到了主任的理解。

像千千这样的事其实在很多公司里都会发生,由于时机不对,员工的意见或者建议很有可能就会变成领导嘴里的"情绪化"。所以,在发表自己的意见或者建议的时候,一定要想好,一定要作好准备,这样才会让自己得到最后的利益。

欣欣是一个喜欢说话的姑娘,虽然到公司没有多久,但是和大家相处得十分和睦,而且她人又勤快,很多人都喜欢她。她也很有心,什么事情都很认真地去观察。来到公司两个多月,欣欣就发现公司里有很多不合理的现象,比如说加班没有加班费,除了年终会议之外其他的节假日也没有什么补贴和活动,虽说这种事情不是硬性规定,但是很多同事都希望能够有这样的活动……这些,欣欣都记在了心里,准备在公司开总结会的时候提出来。

很快就到了年底,欣欣才来公司几个月,并没有发言的机会,于是她就将自己平时积攒的那些问题用另一种方式表达了出来。她将这些问题编排成了一个小品,在公司的联欢会上表演,和几个同事就用这样一种方式将建议说了出来。由于表演幽默风趣,而且语言运用合理,并没有出现针对性的场面,大家十分高兴,领导虽然明白了这个小品的用意,但是觉得这种方式并没有使自己的面子受到损害,反而觉得这个小品对自己是个提醒,觉得编写这个小品的人很聪明,很为公司着想,不但在会后采纳了小品中的建议,还给了欣欣额外的奖励。

虽然说欣欣是遇到了开明的领导,所以她的建议才会被很快地接受,自己也没有因此受到领导的"打击"。同时,我们也得承认欣欣的这种做法是一个不失为好办法的办法。在那种情况下,通过表演的方式来表达自己的意见,即使不被接受，也不会因此而受到领导"情绪化"的指责，毕竟只是一个节目，而且是娱乐性的节目。可能不是所有的人都能够像欣欣一样有才华，会把自己的意见编成小品来给领导表演，也不会像欣欣一样幸运地遇到能够理解员工的用意且能够改变自己不足的领导。但是，欣欣的这种做法无疑给我们一个启示：无论是意见还是建议，都要以合适的方式表达出来，这样才不会遇到和千千一样的尴尬，才不会在职场中给自己贴一个"情绪化员工"的标签。

总是被人取笑

有没有这样的时候，自己明明很努力地工作了，却总是避免不了有不足之处，而这个时候就会有人开始取笑自己。还有，工作中我们总能够发现有这样的人，他们很多时候是众人开玩笑的对象，即使所开的玩笑没有什么和利益相关的目的，但是大家总是喜欢拿那个人开玩笑，觉得这样可以调节办公室气氛。毋庸置疑，一个有意思的玩笑的确可以让人轻松一笑，也的确可以成为减轻工作压力的一种方式。但是，如果那个被开玩笑的人就是你自己，你该怎么办？是不是觉得自己很无辜也很无奈，甚至觉得有些不舒服？这就对了，一个总被大家取笑的人怎么会觉得很舒服呢，而这样的事情一旦发生了，又该如何面对呢？

小琴在一家公司里做秘书，说是秘书，其实就是给办公室的同事做一些类似于行政的工作。虽然工作比较清闲，待遇也还可以，可小琴总是感觉工作不顺心，甚至感到有些压力。原来，小琴在单位里扮演了一个十分特别的角色。当大家没什么事一起闲聊的时候，总会说着说着就把话题引到小琴的头上，还给小琴起外号，拿小琴开玩笑，有时候大家在一起交换手机图片，一旦小琴也想要，大家就会问小琴收钱……每当这样尴尬的时候，小琴就不知道该如何回答，结果往往事情就不了了之了。小琴这个人比较内向，平时也不大会说话，一旦听到同事拿自己开玩笑，听不下去了就故意跑开，或找点儿其他事做。虽然同事都没有恶意，可是时间长了小琴总觉得有些难受，而自己总是躲开也不是个办法，小琴希望能够找到一种可以遏制大家这么做的办法，可是一直也找不到。渐渐地，小琴开始觉得工作没有了乐趣，甚至对自己来说是一种负担，尤其是在人多的时候，小琴甚至害怕这样的场面，害怕和大家接触。

　　后来，小琴终于忍不住把自己的遭遇说给好朋友小慧听。小慧是个演讲方面很突出的人，在学校的时候得过演讲比赛的第一名。听了小琴的牢骚，小慧给小琴出了个主意，她对小琴说："你的同事的确有点儿过分，有时同事之间是可以开些善意的玩笑，但要有尺度。我想是因为你比较内向，不善言谈，所以才会被人取笑。而公司里就是有这种人，喜欢利用语言'优势'来攻击别人，你越退缩，越是表现出唯唯诺诺的样子他们越高兴，对于这样的人，你一定要毫不留情地回击他。你可以多看看口才方面的书，平时拿个小本子，留心别人遇到这种情况是怎么处理的，把一些好词好句记下来，这种办法挺管用的。等你口才比他们好了，他们也不敢攻击你了，到时还怕你呢。再就是注意表情，要严肃点儿，但不要发火，如果你发火了，人家就会说了，连开玩笑都听不懂，这样你的处境会更差。"

　　听了小慧的话，小琴开始逐步实践这些方法，效果果然不错，不但同事不再像以前那样拿自己开玩笑了，而且自己的演讲水平也有了提高，在公司的演讲比赛中还获得了二等奖。更重要的是，小琴的工作状态又恢复了以前的样子，每天都快乐地做着自己的事。

　　回望职场，你是不是也会不小心成为别人的笑柄，是不是也会取笑别人的"傻"？如果你被取笑了，什么样的方式是你可以容忍的？什么样的方式是你无法接受的？可能有的人认为同事之间开个玩笑，没什么大不了的，自己又没有恶意，不至于有这么多感受吧。其实不然，要知道取笑不等于玩笑，如果自己是被取笑的人，也许就会有深刻的体会了。可一旦自己经常被人取笑很苦恼怎么办？那就像杨宇一样，用积极的方式实现自尊。

杨宇大学毕业刚到公司时，由于个子小，工作服不合身，大家都叫他"小八路"。由于在工作中比较胆小、怕羞，平时又很少说话，大家又叫他"小葫芦"。一次，公司组织军训，杨宇体质弱、力气小，好几个项目都是最后一名，有的同事就取笑他，叫他"小鸭蛋"。这一切让杨宇很不开心，为了这些取笑，他没少烦恼。

后来，杨宇暗下决心，一定要干出点儿成绩给他们看看。杨宇总结自己被取笑的原因，发现自己有时确实太老实，也正是因为如此，那些人才会取笑自己，而自己越是躲着他们，就越是被取笑。发现自己这种缺点之后，杨宇开始改变自己，变得敢于说出自己的意见和想法。如果谁要是恶意取笑自己，杨宇就立刻反击，据理力争。杨宇一改过去的行事作风，开始交朋友，主动与人沟通，经常和大家一起吃饭，有时候也一起出去玩。最主要的是，杨宇完成了好几项十分艰巨的工作任务，让大家刮目相看了。慢慢地，周围的人不再因为杨宇老实而取笑他了，也逐渐和杨宇建立了相互尊重的关系。

应当说，杨宇这种苦恼是正常的。二十多岁的年轻人，毕竟缺少社会经历，思想也不够成熟，判断能力比较弱。从维护自尊的需求出发，对外界评价和议论十分敏感，有时对别人的议论或"玩笑"十分在乎，而一旦遇到了和杨宇一样的情况，往往不知道该怎么做。其实，这是一个人自尊心的表现。自尊心是一个人尊重自己的人格和荣誉，维护自己尊严的自我情感体验。没有自尊心的人就没有上进动力；而自尊心过强，一旦这种自尊心受到伤害，就会产生苦恼、沮丧的情绪。那么，怎样才能走出怕人议论、被人取笑的阴影，用积极的方式来实现自尊呢？

首先，要正确对待别人的议论。被人议论是天天都在发生的事情，被人议论，就是别人与你发生的一种联系，是正常的。对于对的议论，我们应该虚心听取；对于错误的议论，听过就算了，尤其是对别人的取笑，没有必要去当回事，因为那是别人的错误，拿别人的错误来惩罚自己，实在是不必要。

其次，要有个好成绩。当你只比别人高出一点儿时，谁都想超越你。而当你比别人高出很多时，别人只能仰望你。虽然这话有些功利主义，但是很有实用和参考价值。如果自己成绩好了，还有谁会取笑你呢？所以在遇到被人取笑而自己又不能解决的时候，就埋头做自己的事，将自己的成绩搞上去。如果只是陷在被取笑的阴影里，就会浪费自己很多宝贵的时间和机会。因为取笑你的人也许很快就忘记了，但是你却记住了，而且浪费自己的时间来想它。到头来你还是这样的你，没有改变没有进步，还会成为取笑对象的。可是如果埋头做自己的事，真正做出成绩来，别人心里也就服气了，取笑你的想法自然也就逐渐消失了。当然，自己心里那种难受的滋味也会随之消失的。

第四章

光有才华不一定就能做好领导工作

职场上,人与人之间的关系、事与事之间的关系越来越复杂、越来越难处理,领导者怎样将各种复杂的关系捋顺,把它们调理得井井有条,并且正确地驾驭它,这就离不开领导者的谋略,也就是领导的方法。不要以为自己是公司的领导阶层,就可以对下属为所欲为。其实,一个人如果想成为一个称职的领导,并不是那么简单的事。如果你只管理一两个人,只要有能力就可以了,但是如果你领导的人超过了3个,那么就不是光有才华就可以做到的了。一个合格的职场领导,不仅仅要有过人的才华,更要有做领导的方法和品格。如果这些条件不够,即使已经坐在了领导的位子上,也不会有好日子过。

工作要随时讲求方法,并且务求有效。好方法不是固定不变的,要因人而异,因事不同,因地、因时变化,作出不同的改变,只有用对了,才可以获得良好的效果。方法的最终目的就是要让下属和自己达成共识,只有这样,才能将计划实施、推进。只有那些有了能力能够为下属着想,有了成绩可以和下属分享,有了责任可以为下属承担的人,只有那些具备了长远的眼光,拥有了别人的信服,能够给下属机会,得到大家支持的人,才会在职场上走得更远、更久。

领导照样被挤对

这个世界上,没有谁可以一辈子做"孤胆英雄",每一个领导者都需要依靠下属的支持和拥护、依靠团队的力量完成自己的使命。虽说职场中离不开权谋,但是如果只知道一味地使用权谋而忽略了和下属之间的良好关系,只是把下属作为自己升迁的工具,那么一定会遭到下属的"报应",即使自己是上司,也一样会遭到挤对,日子也不会好过。

中国人都有一个弱点,一旦成为领导了,无论官大还是官小,都喜欢以强势的形象出现在下属面前,认为领导是下属的统治者。这样的人认为领导就要有领导的派头,是下属的"头儿",高高在上,下属只能敬畏他们,在他们的面前下属只有努力干活,绝不能捣乱生事。一旦有下属对自己有些不满,马上就会打击报复,最后却搬起了石头砸了自己的脚。

小桥在一个文化公司做业务员,业绩很好。由于业绩总是第一名,在升职的时候,领导自然而然地就想到了她,希望通过她的带动,让业务部有更好的起色,也希望通过升职和加薪的鼓励,让小桥将自己的业务经验传授给其他业务员,培养更多的业务尖子。得到了升职的小桥自然高兴,工作也更加努力了。但是她这个人有个特点,不希望自己身边的人超过自己,更不希望别人比自己拿更多的钱,有更好的业绩。也正是这个特点,小桥并没有把自己在业务方面的经验传授给其他人,也没有将自己的客户和大家分享,相反,她还利用工作之便抢了其他业务员的客户。这样一来,大家开始对她有意见,虽然以前大家都在一起说说笑笑,可是自从小桥做了部门领导之后,她很少和大家一起说笑了，而是摆起了领导的架子，遇到什么事，就会毫不客气地使唤同部门的人，有时候还因为一点儿小事煞有介事地批评别人，生怕别人不将她这个领导放在眼里。

刚开始的时候，大家还都顾及面子没有表现出什么，可是时间一长，谁都不愿意和她交往了，就连中午吃饭的时候都没有人和她一起。再后来，大家发现小桥自从做了领导之后，经常在背后说别人的坏话，尤其是在老板那里，总是说业务部的员工不好管理，不服从自己，弄得老板到业务部开了好几回会，把大家狠狠地批评了好几回。从那以后，大家更加讨厌小桥，每天上班都没有人跟她说话，即使是工作上的事，也没有人跟她说，而是遇到什么事情大家一起商量，实在解决不了就直接到老板那里去。小桥被彻底孤立了起来，没有多久就被领导撤职了，而小桥也不好意思再在公司里干下去，只好辞职了。

职场上的领导千万要注意，不要像小桥一样最终成为被下属孤立挤对的对象。在职场中，即使贵为领导，也要注意谦逊为人，用个人魅力影响自己的下属努力工作，而不是靠权术、地位以及领导的权威镇压下属，这不仅仅是一种精神上的顿悟，更是作为领导应该具有的行为准则。一个动辄以自己的头衔和地位压人的领导，不仅不会达到对下属施加影响的目的，反而会把自己与下属分割开来，让自己陷入孤立的局面。

阳光卫视《杨澜访谈录》曾经播放过杨澜与邵亦波（国内最大的拍卖网站——亦趣网的CEO）的对话。当杨澜说"有人也说你非常聪明的"之后，邵亦波说："我觉得我真的不聪明。我从小读书、各种小孩玩的技巧，我都不在行。别人把你当英雄，你可千万别把自己当英雄，那可能麻烦就大了。英雄是别人说的，名气是别人给的，对吧？"

赫尔曼·黑塞曾经说过："成功的果实属于那些能付出爱、能宽容、能容纳他人的人，而不属于那些热衷于教训别人和专会指手画脚给人下断语的人。"身为领导，在对待下属方面，应该抱着一颗宽厚的心，也正如我们常说的那样"厚德载物",只有这样才能赢得别人的尊敬。

作为领导者,道德素质将直接决定自己的人格和价值,也决定着领导力是否可以发挥到最大限度,还会影响到所有被领导成员将来的命运。我们常说的"德高望重",就是这个道理。有"德"的领导,他可以凭借自己在下属心目中的影响力一呼百应,而无"德"的人,则失去了在下属心目中的威信和地位,正所谓"江山之固,在德不在险"。而职场中总是有这样的领导,就和小桥一样,在"德"上出了问题,导致了前途尽毁,即使有再高的能力也无法挽回声名狼藉的结局。

小程在一个公司里做财务主管,每天的工作就是和那些数字打交道。一次公司突然要检查账目,由于时间仓促,有个地方出了漏洞,可是小程没有发现。这个漏洞被一个同事发现了,可这个同事并没有告诉她,而是把这件事跟另外一个同事说了。第二个同事就对第一个同事说:"咱们的主管平日里总是耍威风,总喜欢在背后算计人,她以为自己能力强,就不把别人放在眼里,还到处找我们的麻烦。这一次就让她出丑好了,也让她知道什么叫报应。"于是两个人都没有把漏洞告诉小程。

第二天,总公司派来的人在检查了账目之后很快就发现了那个漏洞,把这件事直接报到了总公司。总公司为这事还派遣了一个特别小组来查账,经过了一个星期的盘查,总算是把问题搞清楚了,虽然不是什么大事,只是工作的疏忽造成的,可总公司还是把公司的经理狠狠地批评了一番。公司的经理当然不会放过这个错误,把小程也狠狠地教训了一顿,而且还把她降级为普通会计。

故事中的小程之所以会落得降级的结果,和她做领导的风格有着不可分割的关系。中国人最注重的就是"良心",假如领导者自己的德行不能得到下属的承认,那么他的下属就会认为:像你这样的领导,我干吗还要对你讲良心!这样的领导在工作中,就算有再好的机会也不会获得成功,一样会遭到下属的挤对。

要懂得收服人心

身为别人的上司，自然要有可以服众的本领才能得到更好的认同和发展，但是究竟什么才是职场中应该注意的东西呢？权力？名誉？地位？也许这些都不是最重要的。对于一个上司来说，如何获得下属的认同，如何将下属的心收服了，让他们对你忠心耿耿，对你不离不弃，这才是对工作最有利的地方。所以说，身为上司，一定要懂得收服人心的重要性，否则，即使你有再高的地位和权力，也只能在表面上管住你的下属，却不能在关键的时刻得到他们的支持和帮助。

三国时期的张飞，是一个难得的猛将，用今天的话说就是一个专业素质过硬的人才，也是不可多得的能人。不仅在千军万马之中取敌人的头颅如同探囊取物一般容易，就是个人的胆识也是少有的过人。熟悉三国故事的人都知道，张飞曾经在长坂桥头一声大喝，惊退了曹操百万追兵。后人也作诗赞叹张飞的勇猛："长坂桥头杀气生，横枪立马眼圆睁。一声好似轰雷震，独退曹家百万兵。"然而，就是这样一位能人，却没有领悟到收服人心的重要性，进而失去了性命。

张飞对自己的下属十分苛刻，有时候甚至是残忍，所以失去了下属对他的忠心。一次，张飞喝醉酒之后，鞭打了两名下属，这两个人实在忍受不了张飞的行径，于是偷偷地在深夜将熟睡中的张飞给杀了。可惜张飞一身本领，却死在两个无名小卒的手里，对于一个军人来说，没有死在沙场，这可以说是最大的遗憾。而张飞不但没有死在沙场，反而死在自己人的手里，这种结果更是可悲。

张飞的故事提醒我们：一个领导如果不懂得收服人心的重要性，总有一天，就像张飞一样，在职场上惨败收场。在领导艺术学里，有一种可以不用资金就可以收获巨大回报的投资，不用金钱却可以取得比金钱更好的效果，这就是领导者对下属感情上的投资。在领导者和下属的人际交往过程中，感情可以让领导和下属之间建立起良好的关系，让大家彼此相互理解和支持，进而共同努力，共同进步。有时候，一个小小的感动，也许就会带来不可估计的价值。

很多日本知名企业的管理一向被公认为最科学的管理之一，三洋电器就是其中之一。作为三洋电器的创始人——井植岁男，就是一个会管理的领导者。井植岁男创立三洋电器时，条件非常艰苦，这也让他形成了强硬的管理风格。他经常会在下属面前大发雷霆，看到谁在工作上有不到位的地方就忍不住大声斥责，久而久之，大家都对他敬而远之，甚至很多人都有了离开的想法，三洋也因此陷入了危机。后来，一件事情改变了这种情况：井植岁男听到职工抱怨说宿舍里蟑螂和蚊子很多，于是就着手处理，但效果并不明显。一天晚上，正当大家睡得香甜的时候，忽然听见宿舍里有奇怪的声音，开灯察看，原来是井植岁男拿着手电筒在捉蟑螂。看到头发花白的井植岁男卖力地捉蟑螂，大家都感动得哭了，从此放弃了离开的想法，努力地工作，在井植岁男的带领下，创造了巨大的电器王国。

以情感人最有效，这样下属与领导者之间的心会贴得更近。但对于一个上司来说，仅仅这样是不够的，还要学会领导下属的方法，做一个经营人心的高手。管住一个人的行为是没有用的，只有管住了他的心才会有用。"得人心者得天下"，这是被历史无数次证明了的事实。对于一个王朝的成败是这样，对于一个团队来说也是这样。

西汉时期的名将李广，带领自己的部下所向披靡，立下了赫赫战功。这些很多人都知道，但有一点可能是大家所不知道的，那就是，李广也是一个经营人心的高手。他与下属之间的关系良好，缔结了深厚的情谊，以至于那些士兵愿意背井离乡、不远万里追随他深入匈奴腹地，甚至血洒疆场。这些都要从李广收服下属的人心开始。李广不但非常了解他的下属，能叫出很多军士的名字，而且他在军营中走动时，遇见某个记住名字的人马上就会用他的名字跟他打招呼，谈论这人参加过的战斗，询问他的家乡和家庭情况。自己的最高领导对于自己的情况了如指掌，这说明了什么？当然是领导对自己的重视。李广的下属都为李广的这种行为感动，觉得李广是个关心自己、重视自己的人，甚至是对自己有知遇之恩的人。

无论做人还是做事，我们都要用"心"，尤其是做别人的上司，更要用"心"。用心经营自己的事业，用心管理自己的下属，那么团队里就会出现亲切、和谐和融洽的气氛，那么组织的内耗就会大大减少，而下属对组织的凝聚力和向心力则会大大增加。四通集团董事长段永基曾说过："领导者最不能得罪的，就是广大的人心。能否掌握住人心，往往关系到事业的成败。一方面，你要管理得当，别伤害大家的上进心；另一方面，又要表现出自己对大家的关心。在下了一道命令之后，自己也要投身到职员中去，跟大家共同分担责任，这样才能获得大家的信赖，事业才有前途可言。也只有这样，领导者才会永远立于不败之地。"

"人心"的作用是影响一切工作的根本。领导者只有对下属的"民心"进行良好的经营，才能使下属感到自身的幸福和自己的重要，感受到自己与公司的发展是密不可分的。管住一个人的行为是没有用的，只有管住了他的心才会有用，当下属在心里服你的时候，你才可以真正地领导他。而如何凝聚下属的心，则可以看看下面这个故事。

北京联众总裁鲍岳桥曾讲过他创业的事："工作是从1998年的大年初二开始的，我们当时想的只有一点，就是必须先把这件事做起来，做成功，在当时看来这就是我们的信仰。正是因为有一个梦，有一个自己坚持下来的信仰，才有了创业的激情,才有了不竭的动力,才有了克服困难的勇气。联众的成功也许是多方面的原因:技术、机遇,但有一点最重要,那就是创业者心中坚定的信仰。"

一个团队,只有当信仰深入到每个人心里的时候,才会做到最好。一个上司,只有为下属树起信仰的大旗,用信仰的凝聚力将下属的心收服在一起,才能在职场上战无不胜。

他人的缺点不一定要攻击

每个人都有弱点,也许看到别人的弱点是件好事,但却不一定要去攻击。身为上司,如果能够通过下属的弱点来约束他,甚至攻击他,想必会对工作有一定的帮助,但这种帮助只能是暂时的,时间长了,下属自然会觉得你这个上司是一个阴险小人,也就不会对你留有情面。

换个角度说,假如你的上司是一个两面三刀的人,假如你的上司是一个盯着你的缺点不放的人,假如你的上司是一个喜欢抓住你的弱点利用你的人,假如你的上司是一个看见你的弱点就毫不留情地攻击你的人,你会怎么想?作为他的下属,你是否会觉得自己和这样的上司一起工作很有乐趣?肯定不会,相信一个正常的人都会对这样的人敬而远之的。反过来一样,每个人都不喜欢自己的领导是一个只会攻击自己弱点、利用自己弱点的人。英国诗人济慈说:"人们应该彼此容忍,每个人都有缺点,在他最薄弱的方面,每个人都能被切割捣碎。"其实,在复杂的职场中,保护别人的弱点有时候就是在保护自己,就像下面故事中所讲的一样。

在一家出版社里有这样一个编辑，他总是爱忘事。有一次，领导让他打电话通知一个作者来签合同，可他却给忘了。到了签合同的那天，他还没有想起来，好在事情凑巧，那个作者刚好有事来出版社，领导就当着编辑的面把签合同的事和作者说了，可作者一头雾水。这个时候，编辑才想起这件事来，他很担心，因为领导很严厉。于是他就说："我没找到作者的电话。"当时作者明白了怎么回事，马上说："对，对，我换了电话，忘记告诉他了。"编辑很感激作者，从那以后，只要有适合这个作者的选题，他就会第一个考虑他。

每个人都有面子，身为上司，没有必要让下属难堪，即使在他们做错了事的时候，也不必当着众人的面让他丢脸。因为每个人犯错误都是因为自身的弱点造成的，如果一味地批评下属的错误，无疑就是在攻击下属的弱点，这样的情形偶尔为之可以，如果经常这么做，无疑是在有意攻击下属的弱点了。当然，为了下属的成长而真心地教导他还是必要的。

任何人有其长处，也必有其短处。人之长处固然值得发扬，而从短处中挖掘出长处，从善用人之长发展到善用人之短，这才是用人的精华之所在。就像故事中的真真一样。

真真是公司编辑部主任，公司一向对员工要求严格，在考勤上就是这样。这天，编辑小胡迟到了，恰好被领导看见。领导最讨厌迟到的员工，觉得这样的人没有时间观念，自然就没有集体观念。而这个时候，正是公司人员变动的关键时期，小胡很有可能被升职，而一旦被领导发现迟到的事，小胡的升职肯定就成为泡影了。虽然小胡总是爱迟到，但个人能力还是很强的，领导能力也不错，如果因为迟到这件事就耽误了升职，真真总觉得有点儿可惜。想到这些，真真马上对小胡说："你回来了，事情办得怎么样？"小胡马上会意了真真的意思，也就顺着说了下去："还行，一会儿我向您详细汇报。"就这样，这场危机避免了。事后，小胡找到真真，对她说："我以后一定努力工作，绝不再迟到了。而且我以前工作上有那么多缺点，今后一定改正。"

看着小胡认真的表情，真真笑了，觉得自己这么做是对的。虽然小胡有缺点，但如果能够找到合适的方式，缺点一定会改的。事情的发展果然没让真真失望，小胡自从那次之后，再也没迟到过，而且工作比原来更努力了。后来，小胡工作出色，被提升为责任编辑，在工作上也更加支持真真。

实际上，人们的短处和长处之间并没有绝对的界限，许多短处之中蕴藏着长处，作为上司要看清这一点，了解下属的特点。也许有人性格倔犟，但同时颇有主见；有人办事缓慢，但往往有条有理、踏实细致；有人性格我行我素，但他可能有诸多创造，甚至成绩斐然……聪明的上司会用好每个人的长处，同时还能用好每个人的弱点，尽量发挥其长处、遏制其弱点，使下属竭尽全力为工作服务，让下属于短中见长。

每个人都有弱点，这是不争的事实，所以才有了"金无足赤，人无完人"这句话。在职场上，一旦暴露了自己的弱点，很有可能就会影响到自己的工作，甚至是自己的前途。然而，作为职场上的领导，一旦发现自己的下属身上有一定的弱点，究竟该怎么看待呢？是抓住弱点为己所用，还是在特殊的时候攻击别人的弱点，为自己的职场生涯谋利益呢？其实，一个好的上司，对于别人的弱点有自己独到的看法。

中国移动通信公司的董事长王建宙曾经说过："不要以人的短处而舍弃人的长处；不要以自己的期望衡量别人；不可因小过而失大才；使用偏才时要避免他滥用自己的胆识，充分利用他们的长处，而且还要给理由遮盖他们的缺点，不使他们难堪；对有雄才大略的人，不要计较一些无关紧要的缺点；对有高尚道德的人，不要刻意挑剔他的小毛病。一个人的缺点可以分为两类：一类是才能不充足，另一类是德行不完美。对于才能方面明显不足的人，要告诉他们谨慎处事的法则，让他在工作中正视自己的不足，注意学习，同时也可以避免逞强好胜带来的各种是非；而对于德行不够完美的人，就要求他做事多思考多观察，让他们养成'论功则推于人，论过则引为己责'的习惯。只要根据下属的不同顺势引导，就会产生良好的效果。"

正像王建宙说的那样：领导对下属，贵在发展其长，正视其弱点和不足，对下属的缺点要帮助教育，使其短处变为长处。作为上司，要正视下属弱点，趋利避害，用人所长，这才是正确的用人之道。

搞清自己真正的利益所在

身在职场，自己最在乎的是什么，是高薪高待遇，还是同事对自己的尊重和爱戴，或者自己将来发展的广阔空间？其实这些都是。一个在职场上打拼的人，无论付出了什么样的努力，最终目的就是实现自己的价值，或者说得到与自己价值相对应的回报，不管是物质上的还是精神上的。每个在职场上打拼的人几乎都希望自己能够升职，能够有比现在更好的收入和地位，这是一个有追求的人应该做的。不过也有这样的时候，自己已经是一个职场上的小头目了，可在实际工作中反而不如自己做普通员工的时候顺利和开心，升职做了领导，觉得自己好像失去了很多东西，可究竟是什么，自己也说不清楚。

其实，这就是一个领导究竟需要什么的问题。身在职场，身为上司，总会有许多的利益冲突伴随在工作当中，可这些利益冲突当中，什么才是自己真正的利益所在呢？这也是困扰了小马很长时间的一个问题。

小马自从大学毕业就在一家数码用品公司做销售，一直干了3年，由于业务突出，被提升为了部门经理。可是自从自己做了经理之后，小马觉得自己的工作和原来有了很大的不同，不是因为工资涨了待遇高了，而是自己和原来的同事、现在的下属之间的关系有了很大的变化。也许是自己位置不同了，看待问题的角度不一样了，所以很多事情总是不能和大家达成一致。有一段时间，小马总是想：是不是自己的能力不够，所以才会造成现在销售业绩不理想的局面？他也向领导说过这个问题，可是领导对他的能力绝对地肯定，只是劝他要有耐心，事情慢慢就会好的。看到小马还是没有信心的样子，领导耐心地对小马说：

"领导对下属，最在乎的东西无非就是你的心中有没有对我的忠心，这也正是你工作中应该注意的地方。反之一样，下属也和你一样在乎这个问题。假如A说什么你都可以听，而B说的再好你也不听，这就说明你的心里只有A而没有B，那么直接的后果就是让B觉得你的心中没有他，他也就得不到心灵的满足，自然对你的忠诚度就会降低。所以当一个领导者要很好地把握这个度，以免下属心中觉得你对他有意见，从而影响他对工作的忠诚度。

"有这样一个故事：一位烤鸭厨师做烤鸭的手艺深得顾客喜爱，但他的领导却从来未称赞过他，这让他心里很失落。一次领导的一位贵客来吃饭并点了烤鸭。可是当烤鸭上来之后，大家惊异地发现：鸭子只有一条腿。领导向厨师询问原因，厨师回答：'饭店的鸭子本来就是只有一条腿。'领导跟随厨师去察看，当时是鸭子睡觉的时间，每只鸭子果然都只露出一条腿。领导用力拍手，惊醒了鸭子，所有鸭子都露出了两条腿。面对领导的质问，厨师说：'对呀，你必须要鼓掌拍手，才能看到两条腿呀。'

"其实工作中，对下属忠诚意味着要尽可能满足他们心灵上的需求，意味着当下属在生活中遇到麻烦时，帮助他们走出生活中的困境；意味着在他们工作出色的时候给予适当的鼓励和掌声，来满足他们内心来自领导的认可和关心。只有这样，才会有工作上的进步，这也正是作为一个领导的最终使命，也是领导者的真正利益所在，也是你工作的基础。而要唤起每一个下属的忠诚，必须有针对性地进行刺激，只有时时、事事、处处让下属感受到内心的满足感，才能换来他们时时、事事、处处对领导者的尊重，进而心甘情愿地奉献自己的一切聪明才智，和领导者共同进退。明白了这些道理，相信你的工作会有出色的表现。"

听了领导的一番话，小马总结了自己的不足，然后逐一去克服，尤其是自己在和下属之间的关系处理上更是用心，尽量做到帮助和合作。很快，小马就得到了大家的认同，同事之间又像以前一样轻松快乐了，而小马的领导工作也做得更加出色。

一位心理学家曾说过："任何人的心灵上的满足，都会促使他为所从事的工作作出更大的贡献。"是的，当一个人的内心充满满足感的时候，也就是他最努力工作的时候，职场中更是这样。作为上司，要了解下属心中所想，搞清楚自己真正的利益所在，让下属得到心中的满足，这才是作为职场领导者的最坚实的基础。如果没有下属的支持，就算上面的领导再怎么支持，工作一样不会做好，就和下面故事中的人一样，最终还是找不到职场生存的关键。

贝儿是一家大型连锁企业的秘书主管，手下有十来个秘书由她管理。贝儿做主管的时间已经有一年多了，经常要求大家对自己一定要忠诚，不能够到处说自己的坏话，自己也会保证对大家忠诚，会为大家的利益考虑。刚开始的时候，大家觉得贝儿这个主管还不错，可是后来，贝儿总是喜欢给大家许诺各种事，而这些事往往都不能实现，所以大家对她有些不满。不过这还不是最主要的原因，贝儿还有个习惯，总是喜欢替别人做主，尤其是在工作比较忙的时候，一旦有新的任务下来，贝儿总是自作主张把任务揽下来，也不管大家是否能够做得完，而且贝儿很少动手工作，总是喜欢让大家忙碌。而一旦工作中出了差错，贝儿总是会第一时间将大家推出去，即便事先犯错的人已经主动承认错误，并且贝儿已经答应不向上面反映，可是到最后，贝儿总是会将犯错的人上报给公司，就算这个错误只是无所谓的失误。就这样，大家对贝儿越来越有意见，也越来越不喜欢她。可贝儿还是没有察觉，一味地和以前一样。

一次,公司有个很重要的任务,贝儿为了显示自己,就把这任务争取了过来,也不管大家手上已经有了很多的工作。这一回,几个秘书联合起来,没有一个人去做那项新工作,最后贝儿只好自己上阵,由于时间仓促,任务失败了,贝儿也因此受到了牵连,被公司解雇了。

忠诚是对一个人深度的评价,对于朋友需要忠诚,对于工作需要忠诚,对于下属也需要忠诚。只有忠诚的人才会赢得周围人的信任、承认和容纳,只有忠诚的人才会赢得下属的亲近,这也才是一个职场上司真正的利益所在。但同时更要记住,忠诚是相互的,不可能只有一方的忠诚而忽略另一方的存在,只有展示自己的忠诚,才能换取别人的忠诚,才能维护好自己的真正利益。

得让手下人佩服自己

如何得到大家的认同,如何让自己的下属对自己深感佩服,并且在职场中将这种认同和佩服延续下去,直到自己有更高的职位。这也许正是许多职场上司正头疼的问题。都说普通人在职场不好混,可即便是已经有了"一官半职"的那些职场"小"领导也不好混,就算是那些功成名就的"大"领导,日子也不是那么舒心的,一个不小心,就会弄到鸡飞蛋打的下场。尤其是在人才辈出的职场,一个人就算是有了一定的地位,也并不能保证他的地位就坚不可摧,殊不知"长江后浪推前浪",如果没有什么可以让下属佩服自己的地方,那么面对人才济济的下属,你这个上司的位子可能就坐不稳了,很有可能被那些来势汹涌的"后浪"给推倒了。

俗话说,"外行看热闹,内行看门道"。领导者如果是一个"外行"的话,那么他在工作中只能隔门而望,即使被下属欺骗了也不知道,久而久之,下属就会认为这样的领导根本不称职,"还不如我呢"。对于一个领导来说,下属有这样的想法是一个危险的信号。

程梅是公司的财务主管,做主管工作已经两年了,可最近程梅总是觉得工作有些不对劲,总是觉得自己的下属对自己好像有什么意见,可找每个人谈话吧,大家又说不出什么。后来,程梅经过多方探听,终于知道了其中的原因。

原来,最近财务部新来了一个员工,这个人专业水平很高,还获得了很多的证书,可以说这个人在财务方面的能力已经超过了程梅。于是大家开始对程梅有些"小看"了,所以工作中也不免流露了出来。知道事情的真相之后,程梅也十分苦恼。自己苦心经营的财务部主管的位子眼看就受到威胁了,这可怎么办呢?

知道女儿的情况之后,也是做财务工作的妈妈对程梅说:"我给你讲个故事吧:美国第二大计算机公司惠普公司的前首席执行官卡莉·菲奥莉娜被称为美国最能干的女商人。1999年夏天,年仅44岁的她,就成了惠普公司第一位女领导人。她在接受记者采访时说:'我看到许多飞黄腾达的人摔得很惨,因为他们总是这山望着那山高,忽略了自身的能力。财务经理要精通财务知识,懂得如何让每一分钱都产生最大的效益;技术经理应懂得如何发挥材料及设备的最大使用效果……为此,掌握自己工作领域的技术知识,对领导者而言是极为重要的。因为领导者只有以技服人、打造自身的实力才能获得下属的敬佩。'这位女商人说的一点儿都没错,俗话说:'打铁先要自身硬',上司的能力和素质会直接影响下属的前途。所以,作为上司必须重视提高自身的能力,以自身的行动去影响和带动下属。不但要精通自己的专业工作,成为专家型的领导,更要不断地学习进步,让自己的专业知识得到不断地补充。

"其实不仅仅是卡莉·菲奥莉娜这样做,很多成功的人都是这样做的。比如说张瑞敏,很多人都说他是幸运的,甚至认为谁得到了当年的那个烂厂谁都会成功。事实上，张瑞敏不仅是管理上的专家，更是一个思想上的专家。他在提出'斜坡球体'理论、'围墙之内无名牌'的品牌观念和'赛马不相马'的人资观念都十分有效果。可以说，张瑞敏不但是海尔实际工作的领导者，更是海尔人精神的领导者。

"一个人能够取得什么样的成就，能够有多大的作为，归根结底取决于他拥有什么样的能力；有什么样的能力，人生就会有什么样的结局。领导工作就是这样，能力才是驾驭一切机会和权力的基础，不仅要求自己要专业知识好，更要要求自己的能力达到一定的高度，只有这样的领导在下属面前才最有发言权。你仔细想想，自己是否做到了这些呢？"

听了妈妈的一番话，程梅终于找到了自己的症结，痛下决心，不断学习，通过实际工作成绩来证明自己的实力。一段时间之后，程梅的改变让大家看到了一个全新的程梅，对她的领导工作也更加支持了。

一个优秀的上司必须具有超人的专业化能力作为支柱，但仅仅这样还不够，还需要有更大的人格魅力才会在工作中从容不迫，最终赢得下属的仰慕，才能做到以德服人，才能赢得下属对自己的佩服。

在职场上打拼了多年的小岳，现在已经是一家外企的中层管理者了，手下有二十多名员工。在他多年的工作总结中有这样的说法："只有那些人格完善的领导才会受到爱戴。高尚的品质和完善的人格，是一个领导必备的素质，也是赢得社会的承认和下属的尊重、从而提升自己领导能力的真正原因所在。依靠人格魅力来提升自己的领导能力、赢得下属爱戴的领导，才是最合格的。"小岳的下属都知道，小岳最喜欢讲牛根生的故事，而且对牛根生"小胜靠智，大胜靠德"的观点十分赞同，在工作中也一直奉行。

面对新人对自己地位的挑战，小岳曾这样说："美国成功心理学大师希尔博士说过，'真正的领导能力来自让人钦佩的人格'。的确，公正、诚实、正直、宽容等品质，应该融入每一个成功的领导者自身的精神品质之中，只有具有这样完善品德的领导者，才能成就品质高尚的团队。一个领导者如果他自己不能做到修身养性、完善人格，那么它就不可能领导好任何人。下属总习惯于向上看，所以领导者的一举一动都逃不过下属的眼睛。当领导的地位达到一定水平之后，你的言行都会被你的下属散播出去，最终让下属敬佩自己。"

作为上司，日子不好过，原因是多方面的，但不管怎么说，即使个人的差异再大，有一点还是必备的，那就是让下属敬佩的能力和人品。个人的才华和能力可以说就是无形的财富，它可以为团队带来利润，可以使自己成就大事。而个人的人品则是人生中最重要的东西，无论是在职场还是人生的各种战场上都必不可缺。只有具备了这两点的人，才会把自己"上司"这个位子坐稳、坐好。

正确使用手中的权力

有没有这样的时候，自己作为上司，对下属的行为睁一只眼，闭一只眼，可自己这个本来要给下属一个机会的做法最后却被利用，反而造成了不好的后果？还有，身为上司，部门的员工总是不停地跳槽，流动性很大，这件事甚至影响到了整个部门的业绩？作为上司，有没有因为这样的事而食不知味？其实，要解决这样的问题也并不是很难，"物尽其用，人尽其才"，自己手中掌握着上司的权力，只要你充分发挥手中的权力，让权力为自己服务，就会将问题逐一解决。但有一点要注意，权力的作用无非就对下属施行赏罚，在这一点上，上司一定要注意做到赏罚分明、秉公办事，否则就有可能像李东一样，不但没有达到目的，反而还会影响自己的发展。

李东在公司里是部门经理，手下有十名下属。虽然人不多，但是李东的工作并不轻松。由于李东平时比较容易沟通，为人也很随和，大家有事请李东帮忙或者在工作上需要李东"通融一下"，李东都尽量在不违反原则的情况下"通融"了。时间长了，有几个人逐渐抓住了李东这个特点，经常会做一些出格的事，事后只要向李东"求情"都能够得到李东的"宽恕"。部门的纪律也逐渐松散起来。其实，李东的本意是让大家有一个宽松的工作环境，希望大家在工作中找到乐趣。然而那几个总是喜欢钻空子的人，把李东的想法给利用了，在工作中总是很散漫，工作业绩也不怎么样。看着部门的这种情况，李东心里十分着急。眼看着年底就要到了，各项工作的评比即将展开，而自己部门的工作作风又是那么散漫，李东连饭都吃不下了。

李东的变化让家人十分担心，得知实际情况之后，做厂长的父亲对李东说："赏罚分明是任何优秀上司用人的不二法则。作为上司，只有做到有功劳的要赏，有过失的要罚，真正做到赏罚分明，才能有效维护手中的权力，下属才能尽心尽力地去工作，自己的威信才能得以树立。身为上司，必须为下属树立明确的概念：他们的行为哪些是你可以接受的，哪些是不能接受的。

"喜欢体育运动的人都知道，在各类比赛中，裁判的权力是不可侵犯的，他决定了所有参赛人员的成败。但权力越大，就越要受到约束。所有的裁判，无论是哪一类型的比赛，都要按照比赛的规则进行判决，裁判的权力是比赛规则赋予的。假如裁判在实行手中的权力时，没有按照相关规则来进行，那么他就破坏了比赛的正常进行，他的裁判权力也就到此为止了。做上司也一样，如果自己的权力没有正确的利用，就要被剥夺，上司的资格也就随之失去了。

"我给你讲个故事：新疆刚刚解放的时候，王震将军负责建设新疆的相关工作。有一次，他去一个地方考察工作，由于路途遥远，他饥肠辘辘，于是到一个兵团的伙房里找吃的。正巧赶上连队开饭，他端了一碗菜，抓起个馒头就吃。连队炊事员看见他这样，马上就急了，抄起一根木棍就打在王震的胳膊上。当弄清王震的身份时，炊事员吓坏了。而王震却表扬炊事员责任心强，是一个合格的好战士,之后又批评他打人不对,并劝告他遇事不要那么急躁,大家对王震都心服口服。

"所以说,做上司的不单要给下属奖赏,更要有一定的惩罚制度。对于惩罚,不能有半点儿的迟疑与含糊,要将赏和罚结合起来才会有更好的效果。但你现在却是只赏不罚,以为这样大家就会自觉工作,看到下属犯了错误,该罚的不罚,自然无法树立起自己的威信。所以,你应该做到'当赏则赏,该罚则罚',但要注意合理与公正,否则就会失去应有的效力,也就更谈不上领导者的权威了。"

父亲的一番话终于让李东明白了,身为上司一定要有原则,秉公办事,赏罚分明,充分利用手中的权力为工作服务,这样才可以将工作顺利地进行下去。而想想自己平时所做的,虽说是为了给大家方便,但同时也给工作带来了麻烦,看来自己一定要吸取这个教训才行。

秉公执法是维护社会秩序的必备条件,而秉公办事,正确使用手中的领导权力,则是职场上司维护团队正常秩序的必要条件。也许你是一个和李东一样"好说话"的上司,但是不要忘了,上司也有必须要记住的领导信条:只有论功行赏,下属才会感受到领导的公正,才会把自己的精力全部放到提高工作效率上来。吃"大锅饭"是不行的,只有做到"信赏必罚,赏罚必公",才能让下属努力工作。

雷军就是以"赏"和"罚"在公司出了名的。雷军1991年毕业于武汉大学计算机系;1992年初加盟金山公司;1994年出任金山软件公司总经理;1998年任金山软件股份有限公司总经理,负责整个公司的管理、研发、产品销售及市场战略规划;2000年底公司股份制改组后,出任金山软件股份有限公司总裁。自他上任之始,就形成了一个不成文的规矩——"有功就奖,有错必罚"。

在雷军看来,奖赏是为了调动下属的积极性,提高大家的工作效率。奖赏是件好事,但如果不能够按照一定的标准和原则进行正确的奖赏的话,就会起到反效果。上司只有按照下属"功劳"的大小，按照每个人的实际贡献和成绩给予相应的奖赏，才会达到自己的目的，才会让那些成绩差的人向成绩好的人看齐。相反，如果领导者不是论功行赏，而是所有的人都一样，那么就会打击好成绩的下属的积极性，甚至会造成一些歪风邪气——做表面功夫。惩罚也是同样的道理。一个上司只有用好了手中的权力，将赏罚分明运用到工作中，才会发挥手中权力的最大作用，体现手中权力的最大价值。用雷军自己的话说就是："奖赏是对某种行为正面的强化手段，对其给予肯定，使之得到发扬。而责罚则正好相反，对某种行为给予否定，使之逐渐消失。"

作为上司，手中的权力是为提高工作质量和效率而服务的，假如自己还不能做到秉公办事，而是以个人的印象和感觉做事的话，只会影响下属对自己的好感。职场就是战场，为了赢得发展壮大的机会，身为上司就要抓好每一个环节，实行正确而有效的管理，摒弃个人的好恶，对下属进行没有偏见的有效领导，正确使用手中的权力才有机会获胜。

多想着大家才会有好处

如果要树立好领导的某一标准，这似乎是不可能的，因为每个人都有自己的领导风范，但这些众多的风范之中，仍然是有一定的规律可以供我们参考的。而在下属的眼中，究竟什么样的人才是自己的好上司呢？毫无疑问，好的上司，可以为下属奉献自己的力量，会为下属谋取最大的利益，会为下属解决实际困难，会真正为下属创造更广阔的发展空间，和大家携手并肩，分享成功。总之，一个好的上司，就是那些总想着大家的人。作为一个公司或者一个部门的领导者，多想想自己的下属，多为他们做一些他们想不到却做得到的事情，总会有好处，不仅仅是对下属，对自己也是一样。

小魏毕业后在一家高新企业工作，工作出色的小魏很快就成为了公司的部门经理。小魏为人热心，总是喜欢帮助那些有需要的人，尤其是那些刚进入社会不久的大学生，无论是在工作还是学习中，都会不遗余力。

在公司里，有很多刚刚走出校门的大学生，由于没有什么经验，生活上往往弄得一团糟：对于经济方面没有计划，虽然工资待遇不错，但是大多数人都是"月光族"。在了解到这种情况之后，小魏就为大家制订了一个"储蓄计划"，他把每个人的开销做了详细的调查，然后根据每个人的实际情况作了总结，并告诉他们应该怎样花钱，怎样存钱。一年之后，那些刚走进社会的大学生不仅成长为公司的骨干，而且还学会了正确的理财方法，每个人都有了存款，有的人还买了基金，给家里寄去了生平的第一笔汇款，而这个小公司也得到了回报，公司的凝聚力增强了，大家工作的劲头特别足，经济效益也一再攀升。对于小魏，大家更是把他当做自己的哥哥一样看待，有什么问题都会在第一时间向他反映，有了紧急工作，没有一个人不主动加班。每当这个时候，小魏总是会给大家准备好零食。就这样，小魏所在的部门业绩总是第一，不久之后，小魏由于工作成绩突出，被提升为了公司的总监。

中国有句古话："滴水之恩当以涌泉相报。"中国人自古以来就讲究报恩，当你真正地为下属付出了关爱，多为他们着想的时候，你的真心总会有所回报，就像故事中的小魏一样，也许这回报不是立竿见影的，但却是职场中十分重要的。所以说，上司对自己的下属倾注热情和关心，多为大家想一想，从点滴小事做起，肯定会有好处。

小谷是公司的部门主任，自从上任以来，小谷总觉得自己的工作不那么顺利，虽然自己平时管理很严，可是工作成绩总是上不去，即使要求大家加班，多次开会也不见什么效果，这一切都让小谷很头疼。小谷愁眉苦脸的样子引起了领导的注意，了解了情况之后，领导语重心长地对小谷说：

"其实做领导工作很简单，只要多为大家想想，你就会明白其中的道理。给你举个例子，假如你的亲人来到公司工作，你肯定在他第一天来上班时，就告诉他周围的环境是如何的，比如中午饭在什么地方吃，开水在哪里打，洗手间在什么地方……这些看起来不起眼的小事，体现的正是亲人之间无微不至的关心和爱护。作为上司，也应该做到这一点，对自己的员工关怀备至，让下属感受到你发自内心的关爱，如同家人般地真诚和细致，让他们感觉到自己就是团队的一分子，这样他就会逐渐把大家的事情看做自己的事，就会觉得自己是团队的一员，应该为所有的人负起一份责任，从而将自己的全部精力投入到工作中。'老吾老以及人之老，幼吾幼以及人之幼'，领导和下属的关系也是一样，只有把下属的利益看做和自己的利益一样重要，站在下属的立场上思考问题，肯为下属着想，才会最终解决现实的问题和困难。

"我给你讲个故事：1933年，经济危机已经在美国大肆蔓延，很多企业都遭受了严重的打击。加利福尼亚州的哈里逊纺织公司更是雪上加霜，一场大火将哈里逊纺织公司化为灰烬。3 000多名员工一夜之间变得悲哀和绝望。很多人劝董事长亚伦·傅斯领取保险公司赔偿金一走了之，而他却没有这么做，还出乎意料地给员工写了一封信，信中承诺公司向全体员工支付1个月的薪金。在全国经济一片萧条的时候，听到这样的消息，员工都深感意外。于是，员工纷纷以打电话和写信的形式向亚伦·傅斯表示自己的感谢之情。而事情并没有就此结束，一个月后，正当员工们为下个月的面包发愁的时候，他们收到了亚伦·傅斯的第二封信，信中宣布：再支付全体员工1个月的薪金。这时候，所有的员工都非常感动。于是纷纷回到公司，自发地工作起来：清理废墟，擦洗机器，还有人主动去全国各地联络被中断的货源，一些人主动催讨拖欠许久的货款、主动开发新的市场……几个月后，哈里逊公司恢复了生产，重新开始了运转，在当时的美国经济气候下成为了奇迹。

"我们常说'人心都是肉长的',亚伦·傅斯正是为了大家的利益损失了自己的利益,用自己的真心为下属着想,将下属的困难视为自己的困难并设法解决,才赢得了下属的真诚回报。"

听完领导的话,小谷终于明白了自己工作不顺利的原因了,原来自己忽略了与下属之间的交流,一心只想自己,想着自己的业绩,拼命让大家加班,却没有想到大家会累、会辛苦,所以才会有今天的结果。明白之后,小谷改变了以往的工作作风,真心为大家着想,很快就得到了下属的认同,工作业绩也一路攀升。

作为上司,如果不能为下属着想、站在下属的立场上看问题、帮助下属解决实际困难,就是一个失职的上司。而实际上,无论一个人是多么成功,业绩如何之好,总是会有各种各样的困难,也许是经济上的,也许是精神上的。这个时候,作为上司,如果能够主动站出来,多为他们想想,为下属解决实际困难,在别人处于逆境的时候,给予支持和鼓励,让他们振作起来,做下属的,也一定会通过实际工作成绩来回报上司的。

承担责任是发展的关键

在工作中,那些敢于承担责任的人越来越受欢迎,下属也越来越崇拜那些有责任感的上司,觉得在这样的人手下工作会更加安全,这样的人也值得去托付最重要的任务。职场上,也只有负担得起责任的上司,才能为团队带来效益。可以说,承担责任是检验一个好上司的标准,也是职场"小头目"的发展关键。如果你在职场,而且恰恰就是一个手下有着几人乃至十几人的小领导,突然发现自己的下属总是对自己有所怀疑，总是对自己不那么佩服，虽然自己专业知识过硬，可就是不能赢得大家的"芳心"，那么你就要考虑自己是否犯了和小邹一样的错误。

小邹是个汽车公司生产车间的主任，虽说官不大，却管着几十个人。平时大家相处得都不错，一起说说笑笑的，气氛还算融洽。可是最近发生了一件事，不但改变了原来的和谐气氛，还让小邹陷入了十分痛苦的境地。

原来，公司里要进行业务素质评比，结果会直接关系到年终的各种奖金，还会关系到个人的发展前景，所以大家都十分重视这次评比，并且为评比的事紧张地忙碌着。在这个关键时刻，有个客户要到工厂里来参观。说是参观，其实是考察。这个客户想和公司签一个很大的合同，在签合同之前要进行实地考察，而到生产环节来考察是不可避免的。虽然小邹知道这个客户的重要性，但是由于很多精力都放在了评比的事上，所以准备就不那么充分。

这一天，领导带着客户来到了小邹所在的生产车间，准备让客户在生产线上体会公司的技术和实力。然而，由于小邹的疏忽，忘了打印解说稿，只好现场解说。可是在解说的过程中，由于紧张，小邹忘记了一个环节，可作示范的工人却依然按照原来的方案在作示范，这样就造成了实际示范和解说的不符。

说实在的，这也算不上什么大差错，只要小邹补充一句就可以了。可是小邹看到现场那么多人，而且领导也在，害怕自己的错误会给自己的前途带来影响，所以就责备那个示范的工人，说他示范有误。虽然现场的工人都知道是小邹的错，但是又不能说出来。等领导走了以后，大家都开始替那个作示范的工人抱不平，对小邹的看法也和以前不一样了，觉得小邹没有勇气承担责任，还把责任推给别人，这样的上司实在"不靠谱"。从那以后，大家开始有意地躲避小邹，见了面也只是有礼貌地打声招呼，不像以前那么亲密了。

这件事之后，小邹的工作也难做起来。后来，这件事传到了公司领导那里，小邹车虽说没有被撤职，但公司对小邹提出了严肃的批评，小邹在大家心目中的威信已经荡然无存，而无地自容的小邹最终选择了离开。

责任是好领导的基石，一名上司如果没有了责任心，那么这个上司永远都不会得到下属的承认和尊敬。一个优秀的上司，责任就是成就和完善自己的翅膀。领导就意味着责任，地位越高，权力越大，责任也就越重。如果把领导的工作比喻成一座建筑，那么责任就是这座建筑物的基石，没有了它，就不可能有领导者成功的高楼大厦。卡耐基说过："这个世界上有两种人绝对不会成功，一种是除非别人要求他，否则他绝对不会主动做事的人；另一种就是思想里没有责任观念的人。"

一个上司只有具备了一定的责任心，才会让下属有安全感，才会让自己有更好的发展空间。再有前景的团队如果没有一个负责任的领导带领大家去奋斗，一切也只不过是梦幻泡影而已，只有勇担责任才是永远的财富，人生所有的履历都必须排在勇于负责的精神之后。是的，工作中勇于负责是一种具有巨大力量的精神，它可以改变工作中的一切。勇担责任的精神，可以改变我们平庸的工作状态，让我们从平凡变得优秀，可以帮助我们赢得别人的信任和尊重；勇担责任的精神，可以使我们获得好机会的眷顾，从而使自己的工作和事业走向更高的阶段。从这个角度来说，勇担责任是可以为自己带来财富的"财富"。

小田是一家跨国公司的行政主管，有着优厚的福利待遇，工作也十分舒心。这一切，对于只有二十出头的小田来说，的确有些让人羡慕。可小田之所以有现在这样的成绩，完全源于她的责任心。

那时候小田还是一名普通的秘书，有一天吃午饭的时间，公司的一位董事走进来，想找一些文件。尽管这并不是小田分内的工作，但是她依然说："我对这些文件并不了解，不过我会尽快帮您找到它们，然后把文件放在您的办公室桌上。"小田牺牲了吃午饭的时间找到了那份文件，这位董事为此很感谢她。两个月后，公司的一个高一些的职位空缺，在公司的管理会议上，总裁征求这位董事的意见，这时，董事推荐勇于负责的小田。当然，小田也没有让人失望，很快就用出色的工作成绩展示了自己的能力。在日常工作中，小田总是勇于承担责任，有时候还会替下属承担一些责任，这样很快就得到了大家的认可，虽然小田在部门中年龄是最小的，但大家都把她当做领导看，没有不服气的。

  工作总会给每个真心付出的人合理的回报，荣誉也好，财富也罢，条件就是你首先要是一个勇于负责的人，就像小田一样，首先具备了勇于负责的精神，然后才会产生改变一切的力量。有人说，担负起工作的责，工作就会成为乐趣。还有人说，证明自己杰出的最好行动就是勇敢地承担责任。而事实上，许多人对责任都有一种畏惧的心理，他们希望工作环境宽松，工作出问题大家承担，就像前面故事中的小邹一样，这种人充其量也就是工作机器而已，不可能做好一个上司。

  作为上司，不但要做到自己勇于负责，更要学会替下属负责。关键时刻，如果能够承担起下属所犯的过错，更可以表明一个人的责任心和勇气，这也是你在下属面前最大的财富，是下属支持你、力挺你的关键所在。

第五章

小心职场"地雷"

职场中,总有许多看似不经意的事,实际上却是害人的"陷阱",如果不小心踏进去了,就会让自己在职场上受到伤害,甚至是影响自己的发展。这就是职场,职场就是这么险恶和残酷,身在职场,一定要注意这些看起来很小而后果却很严重的问题。比如说一心只想当云梯,不想卷入职场争斗,最后反而成了牺牲品;还有,说话不注意场合和分寸,总是不经意间就得罪了一些人,或者自己的话还没有落地就已经被领导知道了,于是就给自己带来了意想不到的麻烦;再比如,穿衣打扮过于潮流,引来别人的嫉妒;由于自身的能力过强,喜欢争夺第一,总觉得自己的上司没本事……这些,其实都是你即将踏响职场"地雷"的迹象。所以说,一旦发现自己有这方面的倾向,一定要提高警惕,这样才能保住自己在职场中的利益。

在公司里畅所欲言

我们常常会听到"畅所欲言"这个词,尤其是在领导向大家征求意见的时候,这句话被提及的频率会更高。畅所欲言本来是件好事,可以将自己的想法毫无顾忌地说出来,对于工作有着良好的促进作用,就是朋友之间的交往,也是不可缺少的。但是,畅所欲言也要讲究时机,不是任何时候都能适用的。尤其是在公司里,如果说话的时候总是畅所欲言,那么一定会像下面故事中的欧阳一样,给自己的工作带来麻烦。

欧阳在公司里是主任助理,虽说是个助理,但工作却一点儿都不轻松,每天都要面对各种情况,有时候还要加班到很晚。好在欧阳是个对工作极有耐心的人,琐碎的工作并没有让他感到难受。最近欧阳总是觉得工作有了新的压力,可能是因为新项目刚刚开始,事情很多,每天忙得连吃饭的时间都快没有了。这样的工作压力让大家都感到有些不能适应,但是又没有机会说。这天,公司开总结会,会上,领导对大家说:"最近公司很忙,大家也很辛苦,工作中如果有什么问题,大家一定要畅所欲言,不要保留。"听到领导这么说,欧阳想了想,决定把自己的想法说出来。于是欧阳就将现在的工作状况都如实地说了,而且还提出建议,把工作量适当减少一些。欧阳的话很快就得到了大家的响应,与会的员工纷纷表示支持欧阳的说法。看到大家都这么说,领导只好同意考虑大家的意见。

会议结束后,欧阳和另一个同事一起去洗手间,另一个同事就对欧阳说:"你可真勇敢,当着领导的面说那些话,要知道,任何老板都不希望自己的员工说那些话的,我看你提的建议老板一定不会答应的。"听了同事的话,欧阳先是一愣,他没想到自己所说的话会产生这样的后果,于是说:"真的会这样吗?我怎么觉得老板不是那样的人啊。况且我这是为工作着想,怎么会让他不高兴呢?大家的确就是很累呀,还没有加班费,假如老板不答应,不让大家得到适当的休息,我想我会和大家一样,最终干不动活,到时候看他怎么办。"

两个人说完后就离开了,可没想到老板也在洗手间,两个人的谈话被他听得清清楚楚。第二天,公司的公告栏上就贴出了通知,主要内容就是针对欧阳和同事在洗手间所说的那番话,然后进行了更高层面的剖析,还提出了批评,说某些员工只知道为个人利益着想,不懂得顾全大局,甚至还要联合其他同事对公司的制度进行抵抗等等。通知上虽然没有提及欧阳和那个同事的名字,但是两人心知肚明。从那以后,欧阳就再也不像以前那样受到领导的重视了,开会的时候也不让他参加了。

公司肯定不是畅所欲言的好场所,但有时候还要注意,公司以外的环境也不一定安全。如果自己有话实在想说,那就找一个安全的地方,找一群安全的人来说。但是,如果很多话没必要说,干脆就不要说,总之少说为妙。其实不单单在工作上是这样,在生活中也是这样。畅所欲言自然痛快,但由于听的人和自己的立场不同、利益不同,也许自己觉得没什么,可是"说者无心听者有意",别人会对同样的话有不同的理解。就像故事中的欧阳的老板一样,欧阳是站在员工的角度,而老板是站在公司的角度,没有办法说谁对谁错。

大海在公司里工作好几年了,工作成绩也不错,可就是没有机会升职。和大海一起进公司的好几个人都已经是部门的负责人了,而大海还是原地踏步,没有任何的起色。这一天,几个人一起出去喝酒,喝酒的过程中不免提到了工作的事。大海也有些酒意了,不免开始发起了牢骚,觉得自己有点儿亏,这么多年了,为公司拼死拼活,却一点儿回报也没有。

一起喝酒的几个人都知道大海有些醉了,也都知道大海的心思,好几年来，公司总是不考虑大海的升职问题，这是大家所知道的事实，不过问题的关键并不是像大海说的那样：是公司对不起大海，而是大海的确没有领导才能。虽然大家都知道这样的道理，但是没有一个人提出反对的意见，毕竟大海也不容易，而且他喝得有些多了，谁也不会和一个喝了酒的人去计较这些事的。于是，大家边喝酒边说心里话，觉得公司的确有些地方做得不是很好，不知不觉中，这场酒宴就变成了控诉公司的批判大会了。喝完酒，所有的人都把这事给忘了，可是却没想到，他们的谈话早就被人听去了。

原来，餐馆里还有公司其他部门的人在吃饭，但是大家都没注意到，所以毫无顾忌地说了很多话，却不知道这些话已经被其他人毫无保留地告诉了领导。

第二天一上班，大海和几个同事就被叫到了领导的办公室，领导转弯抹角地把喝酒的事说了出来，还告诫几个人，不要那么多牢骚，牢骚多了，总会吃亏的。受了领导的一番"教育"之后，几个人才明白是怎么回事。看来，隔墙有耳这句话的确是真理啊。

古人有句话叫"祸从口出"，这话说得一点儿没错。很多时候，人们给自己招来祸端，往往不是什么行动造成的，而是由于管不住自己的嘴巴。就像欧阳一样，因为一番话而给自己招来了不便。在职场中，有些人往往不知道，有些话题可以公开交谈，有些话题只能在私底下说，而有些话题是永远不能说的，即使能说的也要讲究方式方法、态度和时机。什么都说、口无遮拦的人一般都是好人，心直口快，没有心机，不过在到处充满斗争的职场里，这种在公司里畅所欲言的人，虽然一时间逞了口舌之快，但事后往往会给自己带来不少的麻烦，严重的甚至会断送自己的职业生涯。如果你是一个这样的人，就一定要吸取和大海一样的教训，说话的时候一定要看好周围的环境，小心隔墙有耳。最好的办法，就是让自己的嘴巴掌握说话的时机和方式，千万不要在公司里畅所欲言。

说话不看气氛，请假不讲分寸

在职场上，一个头脑聪明、办事灵活的人总会受到欢迎，其实任何场合都一样，这样的人总会比那些笨头笨脑的人更有发展的空间。但同时，我们也会注意到，还有很多这样的人，他们说话不看气氛，总是按照自己的意思做事，也就是我们常说的"没眼力见儿"。由于缺乏自知之明，总会做一些让人不能接受的事。尤其是在关键时刻，那些没有眼力见儿的人就会给自己招来麻烦，就像故事中的小童一样。

小童是一个性格比较耿直的人，平时说话办事总是有一说一，有二说二，不会转弯抹角。他的这种性格有时候让人感觉很直爽、很痛快，但是更多的时候却让人感觉过于鲁莽，尤其是在特殊的场合，还会给人一种没有眼力见儿的尴尬。

有一次，单位召开全体员工大会，讨论公司的发展大计。领导在会上要求大家认真发言，将公司的各种实际情况都说出来，无论是好的还是不好的，都要实话实说。听到领导这么要求，很多同事都纷纷发言，将自己对公司发展的设想说了出来，同时还说了很多关于增加员工文化活动的建议。看到大家这么踊跃，领导很高兴，还表扬了那些发言的人，说他们说得十分诚恳。领导看到小童坐在那里一言不发，便点名让小童发言。看到这种情况，小童也想把自己的想法说出来。小童来公司很久了，对公司的作风很了解，知道这种讨论也就是走走形式而已，最后员工的意见是不会被采纳的。于是小童就对领导说："那些意见都能变成现实吗？如果能，我就说。"此话一出，领导立刻尴尬起来，同事也面面相觑，不知道该怎么说下去了。就这样，热烈的气氛荡然无存，会场上只剩下了尴尬。会议草草结束了，领导十分生气，把小童和他的上司一起叫到自己的办公室，把两个人狠狠地批评了一顿。

回到办公室，小童忽然想到部门最近要举办活动，需要公司批准经费，于是就拿着事先准备好的费用清单去找领导签字。来到领导办公室，看着领导正在那里抽烟，便将文件递给了领导。领导一看是这些内容，心里本来就很不痛快，于是对小童说："这样的事以后少发生，这种浪费资金的活动有什么用，也不能提高效益。我看这次就算了，以后也少举办，把精力多用在工作上，别动不动就说这说那的。"很显然，领导的话是针对小童刚才在会上说的那些话来的。

所以，在职场中，如果自己还不够机灵，还不能够随机应变，那就要好好学习了。当然这也不是一日之功，但是总要开始。如果不赶紧学习，可能就会遇到和小聪一样的事情了。

小聪所在的公司最近效益不怎么好，也不知道为什么，好几个合同都功败垂成。眼看着就要到年底了，总公司马上就要进行年度考核了。领导最近为这事正在着急上火，恨不得让所有的人都加班工作，把失去的给补回来。公司里最近气氛十分紧张，而且每个人的工作量都很重，压力也很大。小聪是业务一部的主任，看到大家这么累，也有些过意不去。好几个下属也一直跟小聪提议，让大家出去唱唱歌，轻松一下。小聪觉得这个主意也不错，可以让大家放松以后更加努力工作，而且公司有这样的惯例，每个季度都有活动经费，这个季度的经费正好还没用。在大家的一致要求下，小聪来到了领导办公室，将自己部门的活动经费申请交了上去。领导看过之后，对小聪说："公司现在是关键时刻，哪有时间去做那些事，而且公司现在经费那么紧张，没有闲钱。眼看着就到年底了，你们不但不努力工作，反而还要去放松，我看再放松，你们都要放松得走人了，在家彻底放松好了。"听领导这么说，小聪也觉得很委屈，但是也没有办法，这次活动只好作罢了。

一个月后，公司的情况总算好转了，经过努力，又签了几个合同，不但完成了总公司的任务额，还在几个分公司中名列第一。这一天，小聪正在和领导讨论部门下一步的发展，业务二部的主任走了进来，手里拿着部门活动经费申请单让领导签字。领导拿过申请单，大笔一挥就签了字，还说："大家好好玩，别担心钱的问题。这段时间辛苦了，也该好好放松了。"看到这一切，小聪觉得领导对自己有些不公平，脸上不觉流露出来。看到小聪这种反应，领导对小聪说："你们部门也去玩吧，现在任务完成了，压力也没了，不用担心工作的事，可以放心地玩了。上次正赶上公司的情况不好，所以没有同意你们部门的活动申请，现在可以了，你们也一起去吧。"

除了像小聪一样的遭遇，实际工作中还有很多人会遇到请假这件事，其实两者的道理是一样的。如果身体不舒服或者有事而必须请假的话，一定要把握好时机，否则也会发生和小聪一样的尴尬。在向上司请假的时候，要关注一下上司当时的情绪，是否正忙着与合作伙伴联系？是否看起来情绪不高？或正在发脾气？控制好时间节点，掌握好分寸，千万别贸然行事。

另外还有一种情况，就是在关系到公司利益的谈判桌上，如果这个时候出现了什么错误，很有可能就会影响公司的利益。所以，在这种场合，一定要注意自己说话的分寸，可千万别和下面故事中的主人公一样，不但没有显示自己，反而给公司带来了损失。

陈丽是经理助理，很多时候都要和经理一起参加很重要的活动。一次，陈丽和经理一起去见客户，要谈个很重要的合同。陈丽事先准备好了很多资料，希望自己在谈判中展示一下。这次谈判进行得很艰难，对方分毫不让，经理据理力争，看着两个人这么紧张，陈丽很想帮经理，可是对方却没有什么漏洞。过了一会儿，机会来了，对方经理正在滔滔不绝地说着，陈丽发现他说漏了嘴，于是陈丽马上就提出了疑问，虽然对方经理还没有说完，但陈丽还是迫不及待地说出了自己的想法。对方经理听陈丽一说，先是觉得自己说漏嘴了，但马上就指出陈丽这么做很没有礼貌，有损公司的专业形象。然后假装很生气地离开了现场，谈判也没能进行下去。陈丽原本想帮助经理战胜对方，却没想到自己抢话说反而使对方有机可乘，本来可以赢的"战争"现在反而没有了结果。

在职场中，经常会出现与其他单位谈判或者内部召开项目讨论会的情况，也会出现很多和陈丽一样的人，常常会打断对方的发言，这应该说是职场中的大忌。这样做不仅有失职业水准，更是不尊重人的一种表现。其实故事中的陈丽完全可以等对方经理把话讲完，再有条理地阐述自己的意见，这样就不会让对方有机可乘了。所以说，任何时候说话都要看时机、看气氛、看场合，不要想起话就说，只有掌握说话的分寸，才能得到别人的重视。

一心做"心腹"

几乎每个公司里都有这样的人，他们一心想做领导的"心腹"，想通过自己对领导的忠心来获得领导的认可，所以经常打小报告，在背后说这说那，想通过这样的方式获得自己职场发展的机会。可是他们这样做却不一定都能得逞，也许有的人一时间蒙蔽了领导，但时间长了，狐狸尾巴总会露出来的。

小枫在一家公司里工作只有半年，但是他却是老板眼里的"红人"，原因就是小枫总喜欢说一些老板想知道却很难知道的事，那就是员工的举动。小枫来到公司不久，就发现自己在一次无意中说给老板关于办公室的事，老板很感兴趣。从那以后，小枫总是有意地搜集同事的各种言行，然后到老板那里去报告。在小枫看来，老板喜欢听这样的话，自己这么做，一定会得到老板的赏识，时间长了，老板一定会让自己有更好的发展的。

可时间长了，小枫的行为被同事发现了，大家联合起来不理他，小枫在公司的日子也日益艰难，最后不得不离开。

小枫的例子其实很常见，虽然讨好了老板，却引起了公愤，在很多公司里都有这样的情况。很多人觉得自己一旦成为老板的心腹，一心为老板做事，那么就不用害怕其他人了，老板也会给自己机会的。殊不知，这样的人在老板眼里，不一定就是"好人"，不一定就能够得到老板的重用。下面故事中的小陆就是个例子。

小陆在大学学的是中文专业，但他很喜欢考古方面的知识，于是自己学习了很多考古知识。毕业后，小陆被分配到一家出版社。小陆喜欢钻研，对于工作更是这样，而且自身对艺术很有鉴赏力，跟社会上许多画家、艺术家都有往来。工作一段时间之后，小陆的工作水平得到了很大的提高，他报上来的选题价值都很高，有的还很有市场，给出版社带来了很大的效益。领导也认为，小陆这个人，无论是能力还是学识修养，在出版社里可以说是数一数二的，给小陆的发展空间也很灵活。过了几年，出版社社实行改革，要进行机制转变，很多老领导也要退休了，领导队伍面临更替。由于工作上的出色表现，小陆的名字很多次被提到社领导的桌面上，讨论让他任编辑部主任的问题，但每次都没有通过。

原来，小陆有一个让人不能容忍的毛病：喜欢向领导打小报告，还经常过分地描绘一件事，随意诋毁别人的名誉。比如说，他会当着更高领导的面说自己的领导不好："总编，我看小王这个人不能重用，我知道他跟别的社的人合作，还自己做了很多私事，如果让他当主任，肯定会有很多人不服气的。我也是为领导着想，不希望让这样一个人败坏了社里的风气……""社长，你听我说，主任这个人水平太低，他那叫什么选题，中学生的水平都不够，还做主任呢！"而当着自己领导的面又说更高领导的坏话："主任，咱们这个总编水平可真够差的，讲话这么没有水平，还真不如您上去讲呢！"就这样，小陆一直想成为某个领导的"心腹"，可最后却谁的心腹也没做成，反而将自己的人格降低了。

为了说明是否值得做"心腹"这件事，曾经有人提出这样的假设：假如在同一间办公室里，和你关系最铁的哥们儿忽然成了出卖你的人，最想不到的事情发生了，这时候的哥们儿情谊是否还能维持呢？这种情况就在李建的身上发生了。

李建在公司和几个同事都处得不错，大家常常一起喝酒，一起说说心里话，而且李建为人正直，很讲信用，这些人逐渐和李建成了铁哥们儿。可最近发生的事让李建很心寒。一个月前，公司在员工中公开竞聘中层管理人员，李建顺利通过并进入任命公示期，但最后却没有被顺利任命。公司人力资源部反馈说，部门的同事对其升职的意见很大，而其中以平时最要好的那几个哥们儿之中的一个人反对呼声最高，说李建不成熟，工作方式不对等等。

原来，那天李建和一个哥们儿喝酒，借着酒劲说了憋在心里很久的话，说经理没有领导能力，不体谅员工什么的，那哥们儿还一个劲儿地点头称是。第二天，公司例会，经理很生气地不点名批评着，说有的员工在背后议论上司，不要在背后发牢骚，不想干了，随时可以走人……事后李建才知道，原来是他那"哥们儿"为了讨好领导，把这些话说了出去。

听了李建的事，朋友对他说："这件事对你来说是个教训，以后一定要注意。其实在职场里小报告是比较普遍的现象，因为大家存在竞争关系，有利益之争。还有一种人就是喜欢做损人不利己的事情，所以每个人被打小报告的概率都很大。既然我们管不住别人的嘴，那么就要做好预防工作。首先，要管住自己，不要轻易在同事间对公司的人和事发表负面评价，比如对老板的抱怨、公司的意见、同事的不满，否则就会像这次一样，容易给自己造成无法弥补的伤害和损失。其次，一定要遵守公司的规章制度，不要授人以柄，比如工作时间打私人电话、上网聊天、平时迟到早退等。而且还要注意观察，一旦发现领导对自己的态度有所转变，而自己又不清楚原因的时候，很可能是同事打了小报告，这时候，最好找个机会和领导沟通，假如是自己的错，就要勇于承认，如果是别人无中生有，也可以借此机会澄清自己，同时给打小报告的人一个还击。第三，如果可能，就搞清楚小报告的内容，有针对性地澄清自己。假如知道是哪个同事打了小报告，不妨事后和他沟通，以后未必能完全避免，多少也能让这位同事有一些顾忌。第四，检点自己的行为，如果不是迫不得已，千万不要打别人的小报告，要知道'冤冤相报何时了'，你打了别人的报告，别人也一定找机会打你的报告。如果能在工作中做到'睁只眼、闭只眼'，睁眼对自己，要严于律己；闭眼对他人，要宽以待人，想必被打小报告和自己想打小报告的概率都会减少。"

听了朋友的话，李建也觉得有一定的道理，如果不是自己疏忽，怎么会给别人可乘之机呢？

职场上总是有这样的人，为了自己的利益而不惜牺牲自己的名誉，为了职场前途，而不惜牺牲自己的友情。面对这样的人，我们就要防范，让他无机可乘。同时，更要总结自己，千万不要为了做所谓的"心腹"而出卖自己，否则，即使你在职场上得到了想要的，也会在其他方面失去很多东西，实在是得不偿失。所以，千万不要陷入这样的职场"陷阱"无法自拔。

在办公室随意开玩笑

一个幽默的人总是很受欢迎，一个喜欢开玩笑的人总会让气氛变得融洽。很多时候，很多场合，一句玩笑也许会使事情变得有起色，也许会让一个人变得受欢迎。但是，也有这样的时候，一句玩笑却让整个局面发生了相反的变化，甚至会让彼此之间的关系发生不该发生的疏远。在职场上，这样的事情更是多见。所以对于一个在职场打拼的人来说，如何把握开玩笑的方式和程度，如何让玩笑成为帮助自己工作的助手而不是阻力，这需要仔细思考，一旦掌握不好这个度，也许就会陷入一种进退两难的境地，甚至会影响到自己的职场发展。就像下面故事中的刘军一样，因为一个玩笑，给自己的工作带来了不小的麻烦，甚至可以说让自己的工作陷入了玩笑的"陷阱"。

　　刘军和领导的关系很好，也经常和上司开玩笑。上司也是个比较爱热闹的人，很多时候也和大家说说笑笑的。而且同事也经常与上司开些玩笑，气氛一直很融洽，比如说些"臣告退"之类的话。可是有一次，那天是愚人节，刘军和同事想了一个主意，而上司刚好从外地出差回来，正与其他同事寒暄。刘军看到这个机会，一本正经地对上司说了一句："领导，我们的公章丢了！"上司听到刘军这么说，马上紧张起来，脸色也变了。看到上司这样紧张，刘军忍不住笑了，而且在场的同事也都笑了起来。这时候上司才意识到刘军是在开玩笑，而当他得知那天正好是4月1日的时候，更是感觉很丢面子，于是大发雷霆，把刘军狠狠地批评了一顿。从那以后，刘军和上司之间融洽的关系也荡然无存了。

　　玩笑不是不可以开，但要看是什么内容，是关于什么。那些不该拿来开玩笑的事坚决不能用在玩笑中，这样不仅会让自己显得更有原则，更重要的是，还会让自己避免犯和刘军一样的错误，避免职场"地雷"的威胁。

　　可能也有许多人认为开个玩笑无关紧要，即使是不小心开错了一两个玩笑也没有什么要紧的，毕竟自己没有恶意。但是，很多时候，职场上是容不得这样的玩笑的，一不小心犯了这样的错误，就很有可能成为职场上的失败者，就像下面故事中的淘淘一样，最终只能选择黯然离开。

　　淘淘是个性格开朗的人，平时说话很幽默，而且相貌英俊，风度翩翩，家庭背景又很好，还是个单身，大家都很喜欢他，没事的时候就找他聊天，开开玩笑，减轻一下工作的压力。淘淘走在公司的过道，那些女孩总会有意无意碰碰他的胳膊，公司刚来的那几个女大学生更是有事没事跑到淘淘所在的部门，说是向淘淘请教，其中意思不言而喻。而淘淘也喜欢和大家一起说说笑笑，觉得这样不但对工作气氛有所调节，还可以和大家搞好同事关系，没什么不好的。

淘淘是独生子，在公司又受到女孩们的百般吹捧和宠爱，不由有些飘飘然起来，开起玩笑来也变得无所顾忌。他经常拿女孩的身材开玩笑，不是说这个瘦得只剩一堆排骨，就说那个胖得如同个水桶，伤害女孩的自尊心，令人不快。

有一次，他居然开玩笑说一个秘书不懂穿衣服，简直就是穿着一身小丑的衣服，惹得那个秘书当众大发雷霆，说淘淘在取笑自己。这事也令淘淘十分难堪，几乎下不了台。久而久之，女孩们便不理睬他，淘淘的口无遮拦令他在女孩心中的形象大打折扣，大帅哥也引不起大家的兴趣了。

后来，淘淘觉得自己太孤单了，于是找到经理说出了自己的想法，经理听了淘淘的话后，给淘淘提了很多建议："有时候大家彼此之间开开玩笑，并不是想取笑某个人，而是为了搞活气氛，有时也是朋友之间感情的体现。不过凡事总有个度，开玩笑也是。也许你一句无心的话，在别人听起来就很不舒服，所以开玩笑的时候一定要注意一些原则。

"1．不要开上司的玩笑。上司永远是上司，即便你们以前是同学或是好朋友，也不要自恃过去的交情与上司开玩笑，特别是在有别人在场的情况下，更应格外注意。

"2．不要拿别人的缺点开玩笑。不要当着众人的面（特别是领导的面）取笑同事的工作能力；不要因为一个人对他人的取笑，跟风取笑，随意取笑对方的缺点，这些玩笑话容易使对方觉得你是在冷嘲热讽，倘若对方又是个比较敏感的人，你会因一句无心的话而触怒他，以致毁了两个人之间的友谊，或使同事关系变得紧张。到那个时候再后悔就来不及了。

"3. 开玩笑要看双方的熟识程度，注意无趣是小，伤人是大。要尽量考虑别人的感受，可能你觉得无意的一句话，而听者在心中已回味再三，如果你无意之中发现了某人的非闪光点，请不要大肆宣扬，自己知道便可以了。何必为了逗口舌之快，无意间得罪人呢？

"4．不要和异性同事开过分的玩笑。异性之间开玩笑虽能让人缩短距离，但切记异性之间开玩笑不可过分，尤其是不能在异性面前说黄色笑话，这会降低自己的人格，也会让异性认为你思想不健康。

"5．不要板着脸开玩笑。幽默大师自己不笑，却能把人逗得前仰后合。然而我们都不是幽默大师，很难做到这一点，那你就不要板着面孔和人家开玩笑，免得引起不必要的误会。

"6．开玩笑要掌握尺度，不要大大咧咧总是开玩笑。这样时间久了，在同事面前就显得不够庄重，同事就不会尊重你。领导也会觉得你不够成熟，不够踏实，不能再信任你，不能对你委以重任。

"7．不要以为捉弄人也是开玩笑。捉弄别人是对别人的不尊重，会让人认为你是恶意的。而且事后也很难解释。它绝不在开玩笑的范畴之内，是不可以随意拿来逗乐的。轻者会伤及你和同事之间的感情，重者会危及你的饭碗。

"8．点到为止。开玩笑也不要盯着一个话题重复说，以免引起他人反感。需要注意的是，玩笑之后，一定还需要说点儿好话捧捧被取笑者，同事之间的感情是最重要的，为了点儿取笑的小事伤了大家的感情，就太得不偿失了。"

职场上，办公室玩笑是人际关系的润滑剂，也是惹火上身的导火索。所以说，如果你在办公室工作，无论日后是想仕途得意、平步青云，还是想就此默默无闻地过太平日子，都要注意开玩笑的艺术，哪怕是最轻松的玩笑话，都要注意掌握分寸。

很多人认为，开玩笑是控制情绪、激励自己以及处理人际关系中重要的手段。在一些令人尴尬的场合，恰当的玩笑可以起到调节气氛的作用，有助于缩短彼此的心理距离，改善自己在别人心中的形象，并在无形中提升亲和力。这样的想法当然没有错，谁也不可能整天死气沉沉板着面孔工作，但是开玩笑一定要注意掌握分寸，适当利用玩笑，做个快乐的职场人，而不是和淘淘一样，在办公室里随意开玩笑，不注意火候。

事事争先，锋芒毕露

刚刚走上职场，或刚刚进入一个新的团队，往往会有很多设想和激情，这当然是好事，证明一个人有进取精神，对工作的态度积极。但是，如果这种气势有些过火的话，就未必是件好事了。有句话叫"枪打出头鸟"，说的就是一个人如果锋芒毕露，就会给自己招致祸端。在职场上也是一样，如果过于锋芒毕露，总不见得就是好事，有时候也难免会因此而忽视身边的人，让自己显得有点儿咄咄逼人，甚至因此错过许多进步的机会。

小何是个有理想的青年，自从大学毕业后，小何就为自己的将来作好了打算。经过努力，小何如愿以偿地进入了一家电子公司工作，这是小何的专业，也是小何希望一展拳脚的战场。自从工作之后，小何把自己所学的知识都发挥了出来，没过多久，小何的能力就得到了领导的认可，小何也得到了工程师的职位。升职为工程师之后，小何工作更有劲头了，每天都会提出不同的设想，每天都让自己的工作做到最好。

经过一段时间的努力，小何已经可以自己做项目了，而且做的第一个项目就十分成功，就连老总都对他另眼相看，觉得这个年轻人将来大有可为。得到了老总的认可，小何更加努力了。不过小何有个特点，什么事都喜欢和人较真，这让他得罪了自己的上司卢经理。卢经理是小何的顶头上司，自从小何因为那个项目在公司里出了风头之后，卢经理就有些不太高兴。究其原因，就是小何是卢经理一手提拔起来的，可小何现在的成绩却远远地超过了卢经理，而且小何还动不动就和卢经理争个高低上下，这让卢经理十分不满，总想找个机会杀杀小何的威风。而小何呢，明明知道卢经理对自己不满，却不以为然，认为卢经理是个老保守，自己没能力就干涉其他人发展，仗着自己出色的工作能力对于卢经理更是不屑一顾。不光如此，小何对其他工程师也是一样，在小何眼里，能力好才是第一位的，没有能力就没有资格做工程师。可职场的复杂小何却不知道，就这样，小何依然过着我行我素的日子，事事都做第一名，无论是项目开发还是公司的各种活动，小何几乎都是第一名。对于小何这一点，老板自然是喜欢，但对于其他人来说，却不是这样。

后来，小何的锋芒毕露引起了另一个经理的不满，这个人与卢经理联合，终于在老板面前把小何打败了。他们在老板面前告了小何一状，把小何平时那些和领导争执的事说了出来，让老板给评理。虽然老板很喜欢小何，但是更要顾及大局，最后还是把小何狠狠地批评了一顿，并且让小何好好反省。

小何的错误是很多刚刚进入职场的年轻人都容易犯的错误，这些人有能力，有才华，事事都想和在学校的时候一样，争做第一名。认为自己只要把工作做好了，只要不违反原则，只要从工作的角度出发，争夺第一不是什么坏事，甚至把这些当做了自己将来发展的目标。可他们却不知道，在职场上过于表现自己，让自己过于锋芒毕露，不但不会给自己带来好处，有时候还会给自己带来麻烦。职场上，不但工作上不要过于锋芒毕露，就是平日工作中的言行举止以及穿着打扮也要注意，如果过于抢风头，总会给自己招来麻烦，就像嘟嘟一样，因为自己在外表上的过于超前，让自己吃了苦头。

嘟嘟今年22岁，刚刚大学毕业，在一家公司做秘书。像嘟嘟这样的女孩子,爱美本是天性,风华正茂,而且嘟嘟的家庭条件很好,有很多好看的衣服。嘟嘟自从上班之后,每天穿的衣服都没有重样的,每天都是公司里最漂亮的人。而且嘟嘟人又聪明,嘴巴又甜,公司里的同事大多都喜欢她,尤其是那些男同事,更是愿意和嘟嘟共事。然而,嘟嘟的所作所为引起了一个人的不满,这个人就是办公室主任小艳,也是嘟嘟的直接领导。原因就是,嘟嘟没来之前,她才是公司中最"潮"的人,她才是大家眼中的焦点。可嘟嘟的出现让她显得不再那么突出,那些男同事也都被嘟嘟"争取"过去了,这种失落让小艳感觉到十分的不舒服,很多时候甚至会在工作中找嘟嘟的麻烦。

一次,嘟嘟穿了一件新款的连衣裙,刚到办公室就得到了大家的夸赞,嘟嘟乐颠颠地正在向同事展示。这时候,小艳走进办公室,将这一切都看在了眼里,当着大家的面说:"上班时间又不是臭美的时间,如果觉得自己漂亮可以去选美,干吗到这里当个小秘书?不要以为自己年轻,长了张好看的脸蛋就有恃无恐了,不要忘了,这是在工作,不是勾引男人的地方。"小艳的话让嘟嘟十分委屈,哭着跑开了,而其他人也都不敢再说话了。没过几天,嘟嘟就辞职了,大家以为嘟嘟是因为受不了小艳的责骂才走的,可后来大家才知道,原来是小艳到老板那里去告状,说嘟嘟在办公室里影响大家工作,工作时间不好好工作不算,还要拉着其他同事显示自己的新衣服,让那些男同事分心。就这样,老板才让嘟嘟走人的。

故事中小艳的做法固然不对,但是嘟嘟也犯了一个错误:在办公室里过于锋芒毕露了。当然这不是指她的才华,而是她的穿着打扮。不要小看了这平时的穿衣打扮,如果过于新潮靓丽,引起别人的嫉妒,一样会招来"杀身之祸"。中国人几千年的传统都是按照"中庸之道"来做人做事的,在职场上,自己有超人的才华,想脱颖而出,这都不是错,但一定要注意方式和方法,如果过于"出类拔萃"以至于到了"锋芒毕露"的地步,很有可能就会给自己带来相反的结果。

上班时间处理私事

你的工作环境怎么样？是不是可以有时间做一点儿私事呢？也许有的人很庆幸自己的公司管理不严，可以在上班的时候和同事聊聊天、谈自己的私事，如果有什么情况的时候还可以带点儿情绪，工作8个小时，几乎用了一半以上的时间做自己的事，而工作一点儿也没做。如果在这样的公司里工作，你觉得是好事还是坏事呢？如果你无法回答，就先看看下面这个故事吧。

朵朵在一家公司里工作两年多了，办公室很大，很多同事在一起办公。大家打电话的时候都是轻轻的，说话也不敢大声，上班也不敢玩游戏，总觉得影响不好，可是又觉得不是很自由。有时候朵朵就想，如果有个单独的小办公室该多么的舒服啊，想吃东西吃东西，想聊天就聊天，反正没人盯着了。后来，由于工作成绩还可以，朵朵被提升为一个项目负责人，也有了自己的办公室，还有了自己的助手。朵朵和一个同事米姐两人在一个小办公室工作。米姐40来岁，给朵朵当助手的，但朵朵觉得米姐年纪在那里，不好支使人家，所以在米姐能够上手后，工作基本是两人平分的。说实话，米姐人挺热心的，可就是有点太会说了，可能是她以前当老师的缘故，所以特能说，而且是翻来覆去地说，说话的声音特别高，加之办公室又很小，这下朵朵感觉自己有点儿受不了了。

有个周一，米姐请假了，但周二早上朵朵刚到公司，米姐就开始说身体怎么怎么不好，所以昨天请假去看病了，然后开始说周末去同学家喝喜酒，还说周末去了中介准备买房，还说准备把中介甩了和房东直接谈……下午的时候，米姐打了一下午的电话给中介和老公，向老公报告中介公司的意见，然后又将老公的意见整理之后说给中介公司，就这样循环往复了好几个来回。不但如此，还在打电话的空隙向朵朵说这家中介怎么怎么样，那家中介怎么怎么样。好不容易给老公打完电话了，她又开始给各位亲朋好友汇报买房的整个过程，直到下班的时候也没有个结果。第二天上班，米姐又开始和朵朵说她买房的全过程，虽然朵朵已经在前一天的电话里知道了全部的情况，但米姐还是喋喋不休地说。朵朵实在忍不住了，就对米姐说："这些我都知道了。"可谁想到，米姐又开始说上了别的，说起了她的老公、孩子、妈妈、婆婆、表姐、表姐的儿子、表哥等等。看着米姐滔滔不绝地在那里说个没完，朵朵都产生了当场撞死的想法。

　　工作就是工作，而自己的私人问题就不要带到单位来了，如果带来了，也不要在工作时间大聊特聊。就像故事中的米姐一样，自己和朋友闹别扭了，新房子装修中碰到什么问题了等等，这些都与工作无关，只有在休息时间可以与好朋友私下聊。如果在上班时间说这些话，即使领导没有发现，同事也不会喜欢的，时间久了，领导总会知道的。

　　公司是讲求效益的地方，无论你所在的公司从事的是什么行业，投入也必须紧紧围绕着产出来进行。上班的时候处理与工作无关的个人事务，可以说就是在浪费公司的资源和财产。假如你已经习惯利用上班的时间处理自己的私事，这样对于自己来说虽然是方便了，但对于老板来说就会损失很多资源。上班时间不做私事，这是公司对每一个职员最起码的要求。也许你会认为这是无伤大雅的小事，但如果每个人都假公济私，在办公室里打私人电话、发私人传真或因私事上网，别的不说，其直接后果至少是增加了公司的通讯开支。而这，当然是老板不愿意看到的。很多时候，老板会觉得利用上班时间办私事的员工不忠诚，这样的话，自己的职场前途就可想而知了，就像下面故事中的小慧一样，最终只能惨淡收场。

小慧在一家大公司任职，人缘很好，有很多朋友。虽然平时工作很紧张，但紧张之余小慧还是不忘记打电话给朋友交流感情，有时候还会眉飞色舞、手舞足蹈地聊上很长时间，即使没有什么事，也会说上半天。小慧的同学和朋友都知道小慧有这个习惯，很多时候也会在小慧上班的时间打电话给她，就算没什么重要的事，也会说说各种八卦新闻。每天中午，小慧都会说上一通电话，不是自己打给别人，就是朋友打给自己，总之，小慧的电话总是不断。

在同事的印象中，小慧总是抱着公司的电话在说笑，心情舒畅时，她跟朋友说笑的声音也特别大。尽管是上班时间，小慧也经常忘记了自己周围有同事，不仅耽误了自己的工作，也大大地影响了同事的工作。要知道，小慧所在的部门经常有客户打电话过来，这样就会直接影响到工作。小慧还有个毛病，就是喜欢用工作电话给朋友打电话，这样一来，下面的事情就发生了。

由于小慧经常打电话，终于有一天，一个很重要的客户打电话来咨询签合同的事，但是怎么也打不进电话，最后这件事就泡汤了。后来，领导开始彻查这件事，最后发现是由于小慧打私人电话占用了工作电话而造成的，同时发现了小慧经常打私人电话的事，于是狠狠地惩罚了小慧。

故事中的小慧就是因为没意识到工作时间办私事的严重后果，所以才会为自己带来了大祸。假如一个人身在职场，却和小慧一样，不懂得公私分明的道理，一味地用上班时间做一些和工作无关的事，想必下场也会和小慧一样，遇到严格的公司，甚至还会因此失去工作。

有很多老板，对公司的员工要求很严格，甚至不希望员工的办公桌上出现和工作无关的报纸杂志，认为这是不把公司的事情当回事的表现，也说明这个员工在公司只是混日子。虽然这话听起来有些重了，但也有一定的道理。对老板来说，工作时间处理私人事务的习惯，很大程度上反映出员工的工作态度。有些老板通常把私人事务的多少，当做一位员工是否积极上进、安心本职工作的考核标准。工作时间处理私人事务，既影响你的工作质量，也直接影响了你在老板心目中的形象。也许你会觉得这些都是小事,但正是这些小事体现了一个人的工作态度,一旦疏忽了,很有可能就会掉进失败的"陷阱"。

对别人的信任不负责任

获得别人的信任很不容易,需要通过很多的努力才能一步步得到。但是如果毁掉这份信任却十分容易,只要做一两件事就能够达到目的。在职场上,能够得到上司的信任是一件更加不容易的事,这份信任也许是你通过很多件事一点一点积累起来的,也许是付出了很大的代价才换取的。把这份信任当做自己工作的助手,会让工作做得更出色,但如果把这信任当做资本而且滥用的话,那么失去这份信任的时候也就到了。任何时候,他人对自己的信任只是行事的基础,却绝不是行事的途径和手段。慎重地看待和使用上司所给予的信任,是每一个职场人必须要做好的事,一旦在这方面出现了什么差错,很有可能就像下面故事中的张可一样,最终后悔莫及。

张可在公司里是一名普通的文员,工作两年了,兢兢业业的张可逐渐赢得了主任的赏识,这不仅仅是因为张可工作态度端正,还因为他为人灵活,有见机行事的本事。张可工作上很有潜力,是一个值得培养的对象。发现了张可的这些优点,办公室主任很想培养他,也经常会给张可一些比较有难度的任务,张可每次都能够很好地完成,这让主任十分高兴。

一次,主任有事出差了,而公司恰好有一个重要的项目要签合同,通过电话指挥,张可很出色地完成了工作,而且还让主任对他刮目相看。原来,这个项目的合作者在签合同的时候暗示张可,如果"通融"一下的话,可以给张可很大的好处。虽然张可在合同方面给对方留了很大的情面，当然没有违反公司的利益，但对于那些"好处"张可却没有留下，而是果断地拒绝了。对方的项目负责人是主任的同学，这件事自然就传到了主任的耳朵里，看到自己的下属这么有原则，主任十分欣慰，觉得自己的确没有看错人。从那以后，主任对张可更加放心了，很多事都让张可一个人去办。

  时间长了，张可也逐渐对自己放松了要求，有时候也会趁着办公事的时候办些私事，或者为私事找个办公事的借口。这样做虽然自己方便了，但时间久了，还是被人发现了。不过好在不是什么大错，主任也就没有追究。可是张可自己却不知道，还以为自己做得天衣无缝，而且还变本加厉，竟然开始用公司的钱为自己办事。第一次这么做时，张可也害怕，而且好几天都没有睡好觉，决定以后再也不这样做了。可是当自己把报销的凭证交给主任签字时，主任连看都没看就签了字，这让张可悬着的心彻底放了下来，尤其是在张可发现并没有人察觉这件事之后，就再也不为这事担心了。等到又有机会的时候，张可又那么做了。就这样，张可利用主任对自己的信任，做了好几次这样的事。虽说每次张可都担心主任会发现，但是每次都轻松过关了，这让张可大大地放心了，觉得自己很厉害，让一向严格的主任都相信了自己。

  年底的时候，公司开始进行财务核查，张可虽然想了很多办法，但是最后还是被查了出来。在事实面前，张可再也无话可说了。看到张可这么做，主任十分难过，从那以后，张可不但被主任冷落了，就是别的部门，也不愿意让他过去。没多久，张可只好离开了那家公司，本来已经可以接管主任位子的张可，就这样失去了发展的机会。

  张可的行为固然让人惋惜，但是他的所作所为更让人深思。领导对自己的信任和器重，这是职场上最重要的东西，张可却不懂得珍惜，反而利用这样的信任来做一些不该做的事，最后只能自尝苦果。同时，张可的故事也提醒我们：如果自己在职场上得到了别人的信任，千万不要拿这份信任来开玩笑，把信任当做筹码，作为自己升职的工具。这样做的话，即使不像张可那样离开公司，也会像下面故事中的徐新一样，给自己的工作带来很多麻烦。

徐新是一家公司的网络管理员，平时工作不怎么忙。没事的时候，徐新就喜欢和同事一起聊聊天，说说笑笑，和大家关系很好。而且徐新是个热心人，爱帮助人，如果哪个同事有事请他帮忙，他都会尽力而为。就这样，同事都觉得他人不错，可以托付，都很信任他。

一次，公司的同事小李家里有事，想请假。可小李的工作还有一部分没有做完，虽然工作不着急，但是领导考虑到实际工作进度和小李请假的时间长短，还是要求小李把工作做完再请假。可小李着急回老家，于是就找到徐新，希望他能够帮自己的忙。徐新没有那么多工作要忙，小李的工作自己也会做，于是就一口答应下来，并且保证让小李满意。听到徐新这么说，小李很放心，因为他相信徐新一定会把自己的事做好的。因为以前自己就让徐新帮过忙，在小李看来，徐新的为人是不会有错的。一周之后，小李从老家回来了，第一件事就是找到徐新，向他表示自己的谢意。可没想到徐新没有帮自己把工作做好，原来这几天徐新病了，并没有帮小李做工作。看到这种结果，小李也没说什么，好在事情还可以挽回，小李立刻找了其他同事和自己一起加班完成了工作，弥补了损失。虽说影响到了整体的工作进度，好在影响不大。

又一次，同事吴敏也遇到了和小李差不多的情况，但吴敏并不知道小李的事，于是找到徐新让他帮忙。这一回徐新还是爽快地答应了下来，可这次恰好徐新的同学来看他，徐新和同学出去玩了，没有把吴敏拜托的事完成。当吴敏回来之后，发现一切已经晚了，公司因为吴敏工作的延误而造成了不大不小的损失，这个损失最后由吴敏赔偿了。从那以后，吴敏再也不相信徐新了。而且吴敏和小李的事很快就传遍了公司，以前相信徐新的人都不敢让徐新帮自己的忙了，害怕自己的下场和吴敏一样。从那以后，徐新再也不像以前那样快乐了，虽然对自己的工作还没产生什么影响，但自己在同事心目中的地位却再也回不到从前了。

　　无论是领导的信任还是同事的信任都十分珍贵，也许这就是你职场发展的有力武器。所以，当我们得到这样的信任的时候，千万不要像徐新一样食言，一定要好好珍惜才对。

敢于和上司叫板

　　任何时候，上司的权威总是要顾及的，即使上司犯了错，也不要正面冲突。上司不当面承认自己的错误是为了维护自己的领导尊严，如果这个时候过于较真，和上司叫板，把上司的错误指出来，虽然上司不会大发雷霆，但日后总会找机会来"弥补"自己这次的损失。所以说，千万不要像故事中的小彭一样，做那个敢于和上司叫板的人。

　　小彭是个北方人，性情耿直，什么事都喜欢和别人说个明明白白。一次，小彭和同事正在办公室闲聊，因为是午休时间，大家就很随意地围坐在那里，有人甚至坐到了桌子上。由于平日里大家相处得很好，很多话都说得特别投机，一伙人在一起说说笑笑，不知不觉就要到上班的时间了。可这时候，小彭正在讲一个故事，大家听得哈哈大笑。也许是大家的笑声过于高了，公司经理循声找了过来，看到几个人正在那里热火朝天地说着，而且时不时还发出响彻公司的笑声，不免有些严肃地说："上班时间，这么吵闹，影响不好，其他部门的人听了还以为出什么事了。赶紧工作，别说了。"听到经理这么说，大家赶忙回到了座位上。

　　其实经理这么说也没什么不对，但小彭却不高兴地说："现在还没到上班时间呢，还是我们自己的自由时间，说个笑话能怎么了，活跃一下气氛，有什么不对，至于这么大惊小怪的吗？"看到小彭一脸的不服气，经理也很生气，于是对小彭说："工作的时候怎么没看见你这么龙腾虎跃的，说些没用的倒是挺积极，有本事把工作搞上去，也让别的部门看看你的能力，别在这光耍嘴皮子。"听了经理的话，大家都不吱声了，因为这个部门的工作业绩的确不如其他部门。可小彭却说："搞上去就搞上去，有什么了不起的。看我们业绩不好就这么歧视我们，我现在就敢和你说，别人怎么样我不知道，但是我这个月的业绩一定会赶上去的。"看到小彭一脸执拗的表情，经理也没有再往下说什么，只是瞪了小彭一眼走了。

经理走后，大家都劝小彭去和经理道个歉，要不以后的工作怎么做啊。可小彭就是不去，而且下定决心和经理较劲到底。月底的时候，小彭果然像自己说的那样，把业绩赶上去了，而且还是第一名。这下，小彭更加得意了，看到经理的时候还故意乐颠颠的样子，弄得经理下不来台。可是，两个月后，小彭的业绩却不如从前了，而且连续两个月都是这样。按说这也很正常，不可能总是第一。这回经理抓住了小彭的把柄，说是按照公司的规定，将小彭解雇了。虽然大家心里都知道这是因为小彭和经理叫板造成的后果，但是也都没有办法。

在职场上，和上司叫板是一件十分忌讳的事，除非万不得已，绝对不要像小彭一样犯错误。即使自己是公司中不可多得的人才，也不可以犯小彭一样的错误，因为和上司叫板的结果，多数都是下属吃亏。

杨军是一家网络公司的工程师，对于一个网络公司而言，技术人员是十分重要的，而杨军不仅仅是公司不可或缺的技术工程师，而且还是同行业中顶尖的优秀人才，很多公司都对杨军这样的人敞开大门。在公司里，就是老板，对杨军也十分随和。可有一次，杨军却和自己的顶头上司发生了争执，原因就是杨军在工作上总是会自己决定一些事情，虽然这些事都会告诉自己的上司，但上司对于杨军这么做还是十分不满,而且看到老板对杨军这么特殊,上司也有几分不服气。后来,上司找到杨军,跟他提出了这方面的问题,希望以后有什么事先和自己商量,然后再作决定。可杨军却说:"那些事都是十分紧急的,如果不决定那么做,就会耽误工作,而且你也不明白是怎么回事,即使和你说了也不一定能拿主意,最后还是我自己决定。"虽然杨军说的都是实话,但听杨军这么说,上司的脸色开始难看起来,觉得杨军过于小看自己了,于是就生气地说:"不要以为自己有技术就可以天下无敌,要注意工作态度。毕竟我是领导,你这么做是不是有些过分了?"看到上司生气了,杨军不但没有道歉的意思,反而说:"要不你来做这些工作好了,如果你能够做好,我以后就全听你的。"杨军的话让上司没了话说,生气地走了。

没过几天,老板把杨军叫到了办公室,对杨军说:"一个公司中要有上下级观念,这样公司才会顺利地运行下去。如果每个人都忽视领导的存在,那么工作就不可能做好。作为一名老员工,我想你肯定懂得这个道理,所以我建议,以后在工作中一定要和领导搞好关系,这样工作才会很好地进行下去。虽然你是公司不可多得的人才,但你的上司也是一个很有才华的管理者,虽然他在专业方面不如你,但是他的领导能力是有目共睹的。我不希望我的两个最得力的助手因为一些小事情而闹得不愉快,你以后多多注意吧,别老跟上司叫板,就算你有能力,也不能这么做。我也知道你所说的并没有错,但是这样直接对领导说总是不对的。如果你觉得自己真的有本事,可以在工作成绩上体现出来,如果你的工作的确出色得让人无话可说,那么我相信也就不会有上司和你过不去了,你说呢?现在你的上司又找了新人来替代你的工作,我想你也该考虑到新的环境中去发展了。"听了老板的话,杨军觉得自己的确有不对的地方,于是向老板承认了错误,但最终还是离开了公司。

曾经有人说过这样一句话:一个公司里,除了老板不能走之外,谁都能走。这话听起来似乎是在强调老板的权力,强调老板不可侵犯的尊严,但仔细想想，也有一定的道理。任何一个人，他的能力都是有限的，也不可能是不可缺少的。无论是谁，和领导叫板总是理亏，即使自己的领导在某一方面没有自己有能力，但领导毕竟是领导，总会有他的过人之处，如果忽略了这一点，掉进了和领导叫板的"陷阱"，恐怕只能像杨军一样，最终只能走人了。

第六章

我可以引爆情绪生产力

可以理解，一个二十多岁的年轻人，没有钱没有事业，却有蓬勃的欲望。但这种欲望并不是一定都能实现的，这个时候，很多人忍不住寂寞，开始坚持不下去了，在多次尝试之后，发现自己仍然和自己的目标距离遥远，于是就变得浮躁，变得急不可待，变得失去了控制，成为了情绪的奴隶。其实，情绪就好似我们身体的一部分，如影随形，没有谁可以摆脱情绪对自己的影响。只是有的人在面对情绪的时候，可以控制它，让情绪为己所用，有的人却恰恰相反，为情绪所用。身在职场，如何控制自己的情绪，将情绪化做自己工作前进的动力，化做解决问题的办法，而不是只会给自己带来麻烦，那么情绪就会成为生产力，成为前进的巨大动力。

别让情绪为人所用

会不会觉得自己是一个容易激动的人，会不会觉得自己的情绪变化总会给工作带来不便？有没有感觉到，自己其实可以控制自己的情绪，只是一旦被某种外界因素给激发之后，自己的情绪才不受自己的控制？其实，我们每个人都面临着"情绪"对自己的挑战，它就像人的影子一样每天与我们相随，在日常的工作中，情绪时时刻刻都会给我们带来精神上和行动上的变化。尤其是在职场上，自己不良的情绪不但会给自己的工作带来不便，如果被人利用了，还会产生更多的麻烦。我们常说"忍一时风平浪静"，人在职场，任重道远。只有能"忍"而且会"忍"一时的不公，才会在职场中走得更远。如果做不到，很有可能就像闫琦一样，自己的情绪为人所用之后才明白其中的道理。

闫琦脾气很急，什么事都容易发火，尤其是看到别人工作不能让自己满意的时候，他总是忍不住要发火。还有，一旦看到什么自己觉得不公平的事，也总是要管上一管。就是因为这样的性格，大家都让着他，有时候也不和他计较。

后来，公司里来了个新主管老郭，和闫琦一样，只是负责不同的部门。刚开始的时候，大家相处得还算融洽，虽然闫琦发过几回脾气，但老郭都没有说什么。可时间一长，闫琦总是这样不能控制自己的情绪，有时候和小孩子一样幼稚，任着性子做事，老郭开始觉得有些不愉快了。老郭觉得，两个人都是主管，级别相同，只不过自己进入公司的时间短一些，凭什么就非得听别人对自己吆五喝六、指手画脚的，于是老郭暗暗盘算，想让闫琦知道自己的厉害。

这一天，机会来了，公司老总要来视察，这可是千载难逢的机会，因为公司的老总长年在国外，很少来公司，对公司中每个人的情况并不是很了解，而且他最烦别人沉不住气，认为这样做事肯定要吃亏。于是老郭就想抓住这个机会，让闫琦在老总面前现眼。想好了这一切，老郭故意用工作激怒闫琦，让他对自己有些看法。这两天正好老郭手头有其他更重要的工作，所以老郭就利用这个机会，故意将闫琦与自己部门合作的项目拖延。闫琦果然上当了，当着公司人的面开始和老郭计较起来，说话的声音也很大，态度也很强硬，暴跳如雷。虽然闫琦是为了工作，但是这样不分青红皂白就对别人发火，而且还是个和自己同级别的经理，这让老总很不高兴，尤其是在得知老郭是因为其他更重要的工作而耽误了与闫琦的合作时，更是生气，觉得闫琦就是"烂泥扶不上墙"，于是将闫琦降职留用，而闫琦也不服气老郭对自己的算计，辞职了。

老郭利用了闫琦容易为情绪所控制的弱点，将闫琦彻底打败了。而这个故事也给我们提出了这样一个问题：如何控制好自己的情绪，如何将情绪为自己所利用，而不是受控于它。也许，这也正是很多职场人想知道的事。无论是和闫琦一样的领导还是普通员工，都要控制自己的情绪。因为，没有一个人可以在激动的情绪中保持理智的头脑，作出正确的决策。一个乱发脾气的人怎么会给人以安全感呢？所以，一定要警惕起来，控制好自己的情绪，否则就会给自己带来不可挽回的后果，后悔莫及。

孔子说："小不忍则乱大谋。"无论是用人还是做事，都应注重主流，不要因为一点儿小事而妨碍了事业的发展。忍辱方可负重，身在职场，一定要学会忍耐的功夫。成大事者志在天下，必须忍别人所不能忍，并保持着快乐和坚持下去的勇气，才能够得到自己的天地，因为他们知道这些都是成功必须付出的代价。

可能很多人都知道吴三桂冲冠一怒为红颜的故事，这就是情绪失控的典型。对于吴三桂来说，仇是报了，陈圆圆回到了他的身边，但他付出的代价却是巨大的：自己一家38口人被李自成所杀，数千公里疆土被满洲人所占。原本是想复仇，但最后却成了投降。情绪失控的结果让吴三桂不仅成了满洲人的奴才，还成了历史的罪人，成了遗臭万年的卖国贼。

就像吴三桂一样，一个不能自制的人，不但会影响自己的工作，还会影响其他人的工作。我们都有这样的经验，如果办公室中一个人的情绪过于激动或低落，周围的人都或多或少地受到影响，如果这个人是办公室中的核心人物的话，这种影响就会更大。所以，工作中一定要学会控制自己的情绪。把握自我控制和自我调整，控制自己不安定的情绪或冲动，在问题面前保持清醒的头脑，不要让自己的行为影响事情的结果。看看下面的故事，也许会有更直接的认识。

有一个公司里的两个部门将被合并。第一个部门的经理听说后十分沮丧，对他的下属说合并不是他的决定，他自己也不知下一步该怎么办，也许会被裁员，大家听了都很担心，也没心思工作了。而第二个部门经理则告诉他的下属这次合并对公司的好处。他说虽然自己并不掌握所有的信息，但是他承诺会提醒上级尽快地作决定，他会尽其所能，帮助每一个下属安排最合理、最公平的出路。虽然下属心中还有疑问，但听到经理这么说，觉得一定会有出路的。最后的结果是，第一个部门的人很快就散了，那个经理离开了公司，而第二个部门的经理接管了合并后的部门。

无论是谁，情绪失控也许会引起整个团队的损失甚至失败，一旦让自己的情绪控制了自己，那么就会造成很严重的后果。就像赵本山的小品《卖拐》中所表演的那样，范伟因为被自己的情绪控制了，被赵本山忽悠了，所以才会接连上当，最终吃了大亏。"宠辱不惊"是职场人必备的修养，无论你在职场中的地位高低，控制你的情绪都一样重要，因为没有人愿意同一个情绪化的人共事，领导也不会给这种人承担重任的机会，所以控制自己的情绪，树立一个随和、善解人意的形象，是成功的重要前提。

我们不可能事事都如意，也不可能时时都顺心，工作中总会有这样或那样的曲折与不顺心，总会有阻碍我们前行的种种障碍，总会有上司的不理解和不公平待遇。在面对这样的情况的时候，不同的人会有不同的反应，也许是如火山般爆发，也许是如积雪般融化。"君子明于生死之分，达于利害之变"，只有克制和忍耐自己的缺点，才可以解决工作中的各种问题，才能做到宠辱不惊。

想到上司我就想发火

职场上，总是会遇到很多的麻烦事，但有一种麻烦却让人十分苦恼，那就是遇到一个坏上司。如果是同事，如果觉得他人品有问题，我们可以离他远点儿，或者给以还击。但是如果你的上司是一个想起来就让人发火的家伙，你该怎么办？是永无休止地忍受下去，还是干脆辞职离开？或者还有什么其他的办法来解决这个问题？

立军经过层层选拔，好不容易进入了自己一直想进入的公司，得到了自己梦寐以求的职位。然而，工作还没有两个月，立军却发现自己的上司是一个十分让人头疼的人。不仅仅是因为平时工作中，上司对自己过于苛刻，还有上司这个人很爱贪小便宜，经常会让下属请他吃饭，如果谁不愿意，就会在工作中给他穿小鞋。而且，上司还喜欢出风头，经常抢下属的功劳，一旦领导表扬哪个项目了，他肯定说是自己一手经办的。而一旦那件事出了纰漏，即使是他自己做的，他也不会承认，还会找个替罪羊，当着领导的面教训一番。上司还有很多毛病，总之，他就是一个不称职的领导，是一个人品有问题的家伙。可上司在技术上的确有两下子，公司的很多项目都是他给搭的架构，这也正是领导重用他的原因。

　　立军在两个多月的时间里就发现了上司这么多毛病，而且其中还有好几次涉及自己的，这可怎么办呢？刚刚工作这么短的时间就遇到了这样的事，如果长时间干下去还不知道会出现什么不愉快的事呢。要不干脆辞职算了，可是立军一想到自己好不容易才获得的机会，心里又有些不舍，毕竟能够到这样的大公司的机会少之又少。这可难坏了立军，左思右想就是找不到办法来解决问题，甚至一想到上司的模样就想发火。

　　的确，在工作中遇到没有德的上司是一件十分苦恼的事，不仅工作受到影响，就是个人的生活有时候也会跟着遭殃。一般的时候，遇到坏上司，都会觉得自己倒霉，就和立军的想法一样，认为自己流年不利，总是碰到倒霉的事。但是如果将这个问题反过来想想，就会发现，其实在与坏上司打交道的过程中，自己已经学会了如何面对挫折，如何用平常心面对自己的逆境。与其说用烦躁、叹息和愤慨来憎恨你的坏上司，还不如用一种心平气和的心态去接受事实。既然一切不能改变了，何不让自己学着去接受？既然自己控制不了一切，何不控制自己的情绪呢？假如在前进的道路上被一条河挡住了去路，你肯定会想尽办法越过这条河。职场上也一样，自己一样可以想办法越过这障碍，就像故事中的小杜一样。

　　小杜遇到的上司和立军的差不多，也是一个让人讨厌的家伙。可小杜并没有像立军一样抱怨自己倒霉，而是想了个办法让自己的上司"走人"了。刚开始的时候，小杜本来想找个新工作，不想再这样忍气吞声了。于是小杜找到一家猎头公司，在与猎头公司的交流中，小杜突然想到了一个办法：他把上司的情况告诉猎头公司，委托猎头公司按照上司的条件找一份工作。当小杜的上司接到电话被告知有一份新的工作在等他，待遇比现在的工作还要好时，而且考虑到大家对自己的态度，于是毅然接受了新的工作。就这样，小杜不仅让自己讨厌的上司离开了公司，而且还如愿以偿地坐在了上司的位子上。

上司不够格但毕竟还是上司，你可以私下里瞧不起他的人品，但你不能因此而得罪了他，要知道宁得罪君子不得罪小人，怎样想办法让他减少对自己的伤害，这才是最重要的。有时候，我们习惯了遇到好人，一旦遇到一个比较差的上司，就觉得倒霉。其实这对自己来说，不一定就是坏事，也许你会从你的坏上司身上学到很多，坏上司也会用他的行动给你好好地上一课，就像小江一样，让自己在职场得到更多的东西。

小江是一所大学的老师，工作了很多年，虽然年纪不大，但现在已经到了副教授级别。别人的眼里，小江的工作的确值得羡慕，不仅工作时间宽松，待遇好，而且还有发展前途，毕竟小江才三十多岁。可是只有小江自己知道，自己的工作是那么的不顺心，不是因为自己的专业能力不行，而是自己的运气太差，遇到了一个让人愤恨的领导，那个人总是和自己过不去，在评职称的过程中，总是找自己的麻烦。

有一天，小江将自己的苦恼说给朋友听，朋友听了以后就劝他忍忍算了，自己和领导较劲，最后怎么会有好果子吃呢？可小江实在是痛恨那个人，言语之中流露出了对领导的不满。看到小江这个样子，朋友干脆对他说："我看算了，既然领导这么不好，辞职算了，凭你的专业能力还愁找不到工作么。不过，你也不能在那里白干这么久，总要多学一点儿再走，所以你要偷偷地学些东西才行，这样对你将来找工作也有好处。"

听了朋友的话，小江也觉得很有道理，于是开始在每天的工作中学习那些自己不会的东西，不但每天加班整理自己的讲课教案，而且还做了很多教学笔记，甚至在没人的时候还自己动手学习怎么复印文件，怎么使用办公室的各种办公设备。平时只要自己没课，就会去听别的老师的课，然后还认真做笔记，和自己的教学方法相比较，找出别人的长处，弥补自己的短处，并将自己这些总结用到实际教学当中。

几个月后，小江的变化引起了领导的注意，小江全新的工作态度和教学方式受到了领导的赞许，并且给小江增加了奖金，而且还在评职称的时候推荐了小江。而小江呢，不但没有了跳槽的想法，对领导的看法也大大改变了，同时还承认自己以前的工作的确有不足之处，领导对自己的处置并没有什么不妥。

其实，像小江一样遇到一个"坏"上司，有时候还会激发自己的潜能，为什么不利用这一点为自己的工作服务呢？在遇到上司对自己不平等的待遇时，在一次次受到坏上司对自己的责难时，是不是很想揍他一顿？是不是很想有朝一日也整整他？可这些只能是想想而已。因为你没有那个能力，没有那个机会，至少是现在还没有。那该怎么办？唯有努力工作，做出好成绩，超过他。把对上司的不满和怨恨化做自己前进的动力，如果能够做到这一点，相信当这一切都成为现实的时候，你还会感谢你现在的这个坏上司。是他的"坏"，让你有了激发自己潜能的愿望，是他的"坏"，让你通过努力成为了可以控制他的人。要知道，世间最好的"报复"就是运用那股不平之气使自己迈向成功，以成功和成功之后的胸怀对待你当年的敌人，并且把敌人变成朋友。

厌烦工作时我该怎么办

如果自己在一个工作岗位上工作了很久，最初对工作的新鲜感和紧张感已经逐渐褪去，对于自己的工作已经熟悉得不能再熟悉了，而且总觉得工作没有起色，甚至对自己的工作逐渐失去了兴趣，产生了一种厌烦的情绪，那该怎么办呢？是继续坚持，了无生气地做下去，还是换一个工作，重新发展？或者是像下面故事中林欢一样，通过各种办法解决实际问题？

林欢在一家商场做招商管理工作，平时总是和那些商场的商户打交道，不是面对商户的讨价还价就是整天为商户做这做那，时间长了，刚开始工作时的新鲜感已经荡然无存，原来谨慎小心才能做好的工作也变得轻而易举，虽说这是件好事，证明自己的工作能力有所提高，但是林欢却觉得工作越来越没有滋味，自己也开始对工作有些厌倦，很多时候都不想去上班，原来那种期盼工作的劲头一点儿都没了。

林欢开始想着要换个工作，找个自己喜欢的工作来做，可能就不会像现在这样了。于是，林欢在同学的介绍下，到了自己向往已久的杂志社工作，做采编。面对着全新的一切，林欢十分激动，工作起来也特别卖力。一段时间过后，林欢逐渐熟悉了工作流程，也开始独立工作了。一年以后，林欢又开始觉得自己的工作没什么意思，虽然每天面对不同的主题进行采写，但写来写去都是那一套，不是文件就是人物报道，也没有什么新意。于是，心中不免又萌生了换工作的念头。同学得知林欢的想法之后，分析了林欢的情况，对她说：

"你以前的工作没有激情，是因为不是你所喜欢的。所以，改变环境，来点儿新鲜空气，不失为一种寻求激情的好办法。现在的工作，既然是你自己的兴趣所在，如果你觉得没有激情，那么即使你换了新的工作，一样会发生现在这种情况。为了避免在工作中浑浑噩噩、了无生趣，跳槽，这是一个方法，但不能解决所有问题，毕竟我们还需要工作来解决许多实际问题。

"你想过没有，我们之所以不如老板，并不是因为我们的专业不过硬，也不是我们的机遇不够好，而是老板始终有一个自己所寄托、所依靠、所为之奋斗的梦想和事业，他们是不能跳槽的，是没有退路的，正因为如此，他们的行动才那么坚决，激情才那么饱满。虽然我们没有自己的公司，但我们至少不能失去责任与梦想。不想工作的时候先问问自己，你有梦想吗？你来杂志社的目的是什么？想清楚了，就可以行动了。

"现在这个单位，无论待遇、薪水、伙食、人际等等各个方面都比较不错，只是你个人的心态没有调整好，这还需要你自己转变一下观念，换个角度考虑一下，调整好心态面对现实。现在找份合适的工作也不容易，就算是自己感兴趣的工作，也有厌烦那一天，毕竟人和机器不同，每天做同样的事，谁都会烦。厌烦了就觉得没有前途，这样想是因为自己没有给自己定目标，如果你给自己定下了目标，并且向这个目标努力，你就会觉得工作还有很多内容，还有很大的期盼。比如说，你可以把自己的目标定位在编辑，你现在是助理编辑，如果你能升为责任编辑，证明你的工作有了一定的进步，这样你所处的地位不一样了，心情也就自然不同了。如果这么做你还是觉得没有什么特别意义，又不得不做，就奖赏自己。你可以跟自己签个合同，确立犒劳自己的方式，如做完某事后给自己买件衣服，或请家人去饭馆吃饭等等。也就是说，你可以安排一件你喜欢的事情放在你厌烦的事情之后，你就有做好手头事情的动力了。问你个简单的问题，如果你是杂志社的总编，你还会觉得工作没意思吗？"

"当然不会，如果我是总编，就会有很多事情要做，还有很多责任要承担，每天一定会很忙，怎么会觉得工作没意思呢？"林欢回答。

"这就对了。你既然认识到这一点，就说明你不是真的厌烦自己的工作，而是没有找到自己发展的目标。所以才会对工作没有信心，才会产生厌烦情绪。如果你能够做到将自己的工作视为自己发展的唯一道路，那么你就会发现，工作原来是那么的重要，那么的有意义。一旦工作有了成就感，你就会忘记工作给你带来的厌烦情绪。"

像林欢一样的问题其实只是工作过程中的一个小问题，也是很多的职场人都会遇到的事情，如果能够说出来，心里会比较好受一点儿。很多人都会有厌烦工作的时候，尤其是在自己的工作不顺心、感觉没有希望和前途的时候，或多或少，都会对自己的工作失去一定的信心。但并不是所有的人都放弃了工作选择跳槽，而是继续坚守。这其中的原因可能是多种多样的，也许他觉得自己在这份工作中所学到的东西还不够多，也许他觉得自己现在这份工作可以保证自己的日常生活，可以为自己赚来还贷款、养家人的工资，也许他觉得这份工作可以给自己带来很好的社会地位和别人的尊重……总之，每个人都会在自己的工作中找到自己想要的东西，也许是现实的金钱，也许是美好的梦想。但不管怎样，如果一个人对自己的工作感到厌烦了，如果不是客观原因的话，那么肯定是自己的想法出了问题，自己的工作态度出了问题。

这个时候，就需要你好好地反思了，反思自己的处境，认识这样做的后果。要分析自己为什么对这件事没有兴趣，能否培养自己的兴趣。如果是因为对事情不了解而没有兴趣，可以在工作中培养自己的兴趣。如果是自己基础不好，能力不够而导致兴趣不足，就要想办法提升自己的能力，加紧学习与自己工作相关的知识与技能。

总之，重要的还是要努力，不放弃自己，让自己变得更积极，该放松一下就去放松一下，这样的工作才会是开心的。

自己没有那么差

"认识自我"，犹如一把千年不熄的火炬，照耀着人类对自我的要求和思考。事实上，每个人都有巨大的潜能，只不过自己还没有发现；每个人都有自己独特的个性和长处，只不过自己有时候还不太相信自己；每个人都可以选择自己的目标，只不过自己总觉得自己过于差劲所以不敢去尝试。身为职场中人，切忌在关键的时候产生这样的想法，在需要自己表现的时候觉得自己不行。可事实上，就是有许多这样的人，总是被自己的想法所左右，总是找不到自信的感觉。有人说，"自信来源于成功的暗示"，也就是说，某项重任或创新一旦成功了，这个人就会自信。有时候，自己成功了也不一定就会变得自信，就像下面故事中的主人公一样，成功之后反而给自己带来了更多的不自信，觉得自己很"差劲"。

美丽人长得很漂亮，就像她的名字一样——美丽。大学毕业后，美丽进入了一家公司工作。由于在学校的时候就听说过那些职场的事，尤其是关于漂亮女孩在职场中的事，所以美丽不想自己步那些女孩的后尘：只是凭借相貌做一个花瓶。她想通过努力，凭借自己的实力来得到别人的认可。于是，在上班后，美丽每天都十分努力地工作，虚心向老员工学习。公司的同事看见美丽这么谦虚，没有因为自己是美女就傲视一切，也都乐于教她。但是，一个公司中不可能所有的意见都一样，也有人对美丽持有不同的看法。尤其是在美丽做成了一件事之后，有的人就会说三道四，说什么"这么漂亮的人谁能不给面子，领导见了美女也是一样喜欢"，还有"我要是长了一张漂亮的脸蛋，一样会得到领导的赏识"等等。开始的时候，美丽并没有把这些放在心上，觉得反正都是不存在的事，随他们怎么去说好了。可是时间长了，美丽也开始怀疑自己是否真的是凭能力做好了工作，还是因为自己漂亮而做好了工作。有时候，美丽甚至开始相信别人的话，觉得自己刚工作这么短的时间就有了很好的成绩，也许就是和自己的漂亮有关系，所以面对那些说法时，美丽开始变得不自信起来，工作也因此受到了影响。

认识自我，是每个人自信的基础与依据。只有真正认识自我了，才会知道自己究竟有什么，究竟缺什么，这样才可以让自己坚信：我没有那么差，我能行，我能成功！曾有人说："一个人可能渺小而平庸，也可能伟大而杰出，这在很大程度上取决于是否能够拥有真正的自信。拥有自信、自主、自爱，就一定能够在自己的人生中展现出应有的风采。"明白这一点很简单，但是能够做到这一点的，却不是那么容易。

阿伟平常总感觉学东西比别人慢，记忆力不怎么好，工作时的反应也比别人慢，特别在跟人家谈事情时，遇到那些思维敏捷而且喜欢攻击别人的人时，阿伟总觉得自己反应跟不上，常常会是自己想说，可就是说不到点儿上去，即使自己有理也说不出来，最后倒被别人说了一通。阿伟因此很烦恼，觉得自己太差劲了。以前还没觉得怎么样，毕竟只是个小职员，打交道的人不多。可是自从阿伟被提升为小组长之后，就感觉很难过了。常常在面对自己的下属时胆战心惊的，甚至害怕哪个人和自己理论。为了解决这个问题，阿伟没事的时候就运动，还吃了很多对大脑有营养的东西，希望这样可以改善自己的问题，让自己找到自信，让自己在思考问题时能够比较冷静。

在职场中，像阿伟一样的人有很多，这些人虽然聪明、有历练，却总是觉得自己不够好，也许在平常的工作岗位上还没有什么特别的感受，可一旦自己被提拔，就会感觉到自己毫无自信，觉得自己不胜任。更不用说向更高级别的领导位置努力了，甚至害怕自己的职位越高，自己就越难以应付，而且总觉得自己的职位已经太高，或许低一两级可能还比较适合。

其实，所有的成功者，尽管职业、经历、学历、境遇和个性等各不相同，但有一点是共同的，那就是自信，自信是成功的第一要诀。而阿伟就是因为缺乏自信，所以才会造成了现在这种局面。"聪明的人只要能认识自己，便什么也不会失去。"尼采的这句话一点儿都没错，一个人如果不能相信自己，还能做些什么呢？

小磊在公司中只是个普通的员工，但是能力很强，只是面对公司其他人有些不自信，其实凭他的实力，同事中没有几个人可以和他相比。后来，小磊听了一次讲座，很受启发，心情也为之振奋。在经过培训后甚至还当众演讲，表达自己在课堂上的心得体会，他说："今后，我一定要认识到自己的实力，自己其实并没有那么差，只是因为没有认清实际状况而觉得自己不行。一旦知道了自己的实力，就会明白自己其实也是可以的。所以，我从今天开始，一定要对自己有信心，一定要自信！"大家对他的发言报以热烈的掌声。可是回到公司后没多久，小磊又开始变得和原来一样情绪低落了。原来他所在的公司，其他人都比他学历高，不是博士就是硕士，只有他一个人是专科。当初培训的时候所拥有的那份勇气和自信全都没了，连他自己也不明白为什么，自己在上课的时候信心十足，可一回到单位就变得不自信了。

看来，自信的道理不难领会，但要真正拥有自信意识，就需要好好努力了。只有让自己真正意识到自己没那么差，才会让自己建立起信心。自信还是自卑，不是与其他人比较出来的，也不是由学历、职务和业绩的高低所决定的。就算小磊拥有了硕士乃至博士学历，一样不能够拥有自信，因为他在内心深处就处在对自己的不信任当中，比较学历只不过是一个表面现象而已。显然，一个人要真正地拥有自信，首先要突破"狭隘比较"的心理障碍。

一个人觉得自己不够聪明、能干和美丽，正是因为把自己和别人相比较的结果，或者是把现实中的自己和理想中的自己相比较的结果。我们都有这样的经验，很多时候总是看到别人是怎么的美好和幸运，总希望那些美好和幸运能被自己所拥有，但很多时候却很少想到，其实自己完全可以通过努力来改变自己，使自己变得更加聪明、能干和美丽，再塑一个和理想中一样的全新自我。如果能够做到这些，相信每个人都会觉得自己没有那么差，都会觉得自己能行。

利用并控制好欲望

"无欲则刚"，一个人如果没有欲望，就会变成金刚不坏之身，任何人和任何威胁以及诱惑，在他的面前都无能为力。然而，我们都是凡人，没有金刚不坏之身，所以有欲望是十分正常的事。不要以为欲望是个贬义词，应该唯恐避之而不及。其实，如果能够很好地利用人的欲望，不但可以给自己带来好处，同时还可以激发他人的潜能。所以在工作中，如何利用欲望为自己服务，就成为了事情的关键。每个人都有过好日子的欲望，这也正是可以利用的一点，通过对欲望的强化，可以调动积极性，更好地工作，从这一点上来说，一点儿坏处都没有，就像下面的故事一样。

晓波一直希望自己能够成为月薪上万的北漂一族，于是就经常对自己说：我要努力工作，每个月挣到三千块，然后搬出现在这个集体宿舍，有自己的小窝；接下来我要挣到五千块，然后每个月给父母多寄一点儿钱，让他们安享晚年；然后我要挣到八千块，那样我就可以月供买房子了。为了这些"欲望"，晓波每天起早贪黑，工作努力认真，加班无怨无悔，学习刻苦努力。两年之后，他终于实现了自己的一个个"欲望"，改变了自己的生活。

"人不可能没有欲望，但你要学会控制自己的欲望。在公司里，有时我们面临着很多的诱惑，而正确的做法是我们只拿属于我们的那一份。我们不要太贪婪，不要不知足，要知道欲望是无止境的，它会毁灭一个人的正常生活。战胜了自己的欲望，也就战胜了整个世界；战胜了自己，也就是拥有了整个世界。"不记得这话是谁说的了，但说得确实道理十足，也是职场人在面对欲望时所要注意的。

小白在刚进银行上班时，父亲就对他说千万不要在钱上犯错误，小白也告诫自己，一定要控制好自己，不能在工作中犯错。小白最初的工作是做柜员，平时接触的就是钱，所以小白总是很小心地告诫自己：银行的人有钱，天天摸钱不错，可那些钱不是自己的，而是客户的，是国家的。

后来，工作时间长了，随着工作岗位的变化，小白从一名柜员变成了公司的部门领导，手里还是掌握着很多钱，但这些钱和以前的不同，不是客户的，而是单位的。这些钱可以花，而且有时候还可以按照自己的意愿去花。随着对金钱的支配权力的不断增加，小白发生了变化。一时间，小白的内心开始有所躁动，手里管着可以花的钱，而且还有很多机会可以让自己图一些蝇头小利，小白有些动摇了。后来，父亲发现了小白在工作上的矛盾，对他说："我们每个人都有欲望，不正当的欲望是从一点一滴、从无到有积攒而来的。我给你讲一个关于欲望的故事：一座山里有一个神奇的山洞，里面有很多宝藏，但是这个山洞要七十年才开一次，所以很多人并没有机会得到那些宝藏。有一天，机会来了，这天正是山洞开启的日子，一个人正好路过这里，看见了里面的财宝，于是他兴奋地进入洞内，急忙往袋子里装珠宝。由于这个人知洞门随时都有可能关上，他必须抓紧时间，否则就会留在山洞中永远也出不去了。可是当他兴高采烈地将珠宝装满了所有的口袋走出洞口后，发现洞门还没关上。这时他看到帽子是空的，于是他想，还可以再装满帽子，就立刻转身冲入洞中。但这时已到了关闭洞门的时间，他和山洞一起消失得无影无踪。"

听了父亲的话，小白觉察到了自己的愚蠢，意识到如果不及时打消自己心中错误的念头，危害可能是不可估量的。于是开始控制自己的想法，将自己的心态摆正，又和原来一样努力工作了。

人离不开欲望，拥有欲望才拥有生活的乐趣和动力，而欲望总是无止境的，尤其在钱财方面。职场上也是这样，如果说自己为了更好的生活，希望自己能够通过工作中的努力，获得更好的回报，这种欲望绝对是值得称赞的。但是，如果自己总是无止境地索取，一心算计，斤斤计较，不懂得适可而止的道理，就会像故事中的人一样，最后让自己在欲望的深渊中粉身碎骨。

人总是有欲望的，月入三千的人，会梦想每个月赚五千，月入五千的就想着一万，赚到一万的，又盘算着怎么才能少担点儿风险和压力，多享受点儿自我时间和空间……其实这也没什么不对，说明自己希望过得更好，难道有什么错吗？当然没有。如果说人的欲望只是用在工作中，总是希望通过努力改变自己现在的处境，这没有什么不好，但一定学会控制自己的职场欲望，否则就会变得欲壑难填。

小时大学刚毕业时进了一家国企，月薪不到两千，每到月底就穷得叮当响。那时候的他并没有强烈的赚钱欲望，吃饭有免费食堂，睡觉有单位宿舍。随着职场阅历的增加和工作能力的提升，小时发现自己的欲望也逐步攀升。当自己终于跳槽到其他单位，实现月薪五千的目标时，小时发现自己的目标定得太低了，月入一万才是好本事。于是他几经努力，终于在一个公司谋到一份新工作，月薪一万。然而，没多久，小时就开始感到痛苦了，觉得自己当初开价太低了，他对朋友说："没有加班费也就忍了，一个人干两个人的活也就算了，最可气的居然没有年底双薪，当时我都没问清楚，以为年终奖是想当然的事！别看现在我的工资是一万，可税后只有八千，其实一点儿都不多！看来还要跳槽才行啊！"

这就是欲望。人最可怕的一点就是意识到自己的潜能。如果一个人缺乏挑战自己的欲望，浑浑噩噩过一生，这并不一定是件好事。但一味地纵容自己的欲望肯定不是件好事。每个人都有欲望，也正是因为有了欲望，才有了前进的动力。有欲望不是错，只要把欲望控制在一个合理的范围之内，欲望就会为我所用，成为自己前进的动力。但同时，我们也要认识到，如果欲望无止境，一个人如果总被欲望牵引，被欲望控制，总是沉湎于欲望而不能自拔，就会逐渐沦为贪婪。贪婪使人迷惑，使人在不自觉中丧失理智，直到付出了沉重的代价。所以，我们每个人都要控制欲望，而不能让欲望控制自己，要始终把欲望控制在一个合理的范围内。当然，欲望是个很危险的东西，如果掌控不好很可能让自己堕入深渊，这正是我们所要强调的，将欲望控制在一个合理的范围内，引爆其内在的生产力，为工作服务，而不是为私利服务。

掌控离职前的情绪

职场上，有很多时候，自己根本不想得罪谁，可总是会一不小心就犯了错，得罪了很多人，这也是很多职场人常犯的错误。就拿辞职这件事来说吧，如果在辞职前后不注意，就会让自己失去了原单位领导和同事的心，也许还会影响到原单位对你的评价，甚至会给自己的新工作带来阴影。因为很多正规单位用人的时候，总是喜欢听听上一个单位对这个人的评价，假如自己在辞职的时候做得不到位，很有可能会给自己的新工作蒙上阴影。

楠楠毕业后一直在一个公司里做秘书，同事对楠楠的印象都不错，就连老板对楠楠的工作也大加赞赏。可楠楠的公司是做电力设备的，楠楠是学中文的，只能做一些前台的工作，其他工种不适合楠楠做。以楠楠现在的实力做秘书有些委屈了，公司里又没有好的出路，于是楠楠决定换个工作。虽然楠楠也舍不得走，毕竟前途更重要，于是决定在合同到期的时候提出辞职。

在辞职之前，楠楠将手头的工作整理好，一件一件地交接给了新同事，并且教会了新同事很多东西。工作交接完了，还剩下几天的时间，这几天对于楠楠来说简直是度日如年，每天都感觉无所事事，除了新同事偶尔会问楠楠一个问题之外，楠楠就在那里上网打发时间。可就在这时候，出差的人力经理回来了，看到楠楠在那里无所事事的样子，心里不免有些不满，觉得楠楠这样做对工作太不负责任了，虽说楠楠要离开公司了，但是还没有到最后的时刻，现在就这样放纵自己，还是不合适，足见楠楠不是一个有责任心的人。人力经理不知道楠楠已经交接完工作了，所以对楠楠的印象一下子变坏了，而且还觉得楠楠这个人平时看起来挺好的，到关键时刻才发现是这么一个没有责任感的人。

后来，楠楠在一个大公司找到了一份工作，而且这也是楠楠期盼已久的机会。可新公司要求楠楠将原公司的资料填写清楚，还要向原公司证实楠楠的情况。楠楠想：自己在公司工作那么认真，不用担心的，于是放心地填好了。可是没想到几天以后，新公司的人事部门却通知楠楠，说不用去上班了。楠楠很纳闷，再三追问下才知道是原来公司的人力经理说楠楠是一个不负责任的人，所以新公司才拒绝了楠楠的加入。

楠楠的教训实在是深刻，但还有另一种教训更深刻：即使你的老板是个蠢材，即使你已经向他说了"拜拜"，但你也不能像电影里的情节一样，摔门而出。因为，愤怒会让你失去理智。如果你真的这样做了，的确会给自己带来心理上的满足感和快感，但那只能是一时的，而你留给别人的印象却是永远的，而且是负面的。也许，你曾经的老板，手中就握有你职业升迁的钥匙。如果他是一个胸怀宽广不与你计较的人，你算得上是幸运，但如果他是一个心胸狭窄、睚眦必报的人，你的遭遇可就惨了，也许会和小荣一样惨。

小荣在公司做经理助理，工作很出色，而且很有人缘，能力也非常的强。但是小荣的老板却是一个十分小气的人，不但喜欢和人斤斤计较，而且对员工也十分苛刻。小荣工作好几年了，不但工资没有涨过一分钱，而且加班也没有加班费，还必须是随叫随到，一旦有哪次没有去，老板就会扣工资。而且老板是一个十分喜欢听小报告的人，无论是谁在他的面前说某个人的坏话，他都相信，还会找机会教训被打小报告的人，也不管小报告的内容是否属实。小荣就曾经被人诬陷过好几回，虽然都是些鸡毛蒜皮的小事，但小荣的心却凉了。小荣原以为自己对老板忠心耿耿，每天都和他在一起，即使出差也是同去同回，老板应该了解自己的为人，可没想到老板却始终不信任自己。于是小荣决定离开这家公司，重新发展。

当得知小荣要辞职的消息后，老板不但没有挽留小荣的意思，还对小荣说："我就知道你是个没良心的人，在我这里学会了那么多本事，羽翼丰满了，于是想走了。枉费我平时对你那么信任。"听了老板的话，小荣忍不住了，尤其是提到"信任"两个字时，小荣心想，如果你真的信任我，我就不会走了。于是忍不住和老板大声地吵了起来。这一吵不要紧，全公司的人都知道了，于是老板觉得十分没面子。而小荣也正在气头上，和老板拍桌子瞪眼，最后使劲儿地一摔门走了。

原本以为这件事已经过去了，可小荣没想到，自己已经谈好了工作的公司突然不要自己了，经过多方打听，小荣才知道，原来那家公司的老板和自己原来的老板认识。听说小荣要过去工作，原老板说了小荣很多坏话，还将小荣辞职时的表现夸大地说了一番，而且还告诉了圈里的其他老板，如果遇到小荣，一定要注意这个人，不但脾气大，还不忠心。于是，小荣找了很长时间，工作才有了结果，而且还是个很小的公司。昔日风光的小荣只好委曲求全，在那个小公司做一些和自己专业不怎么沾边的工作。

电视剧《武林外传》中的郭芙蓉脾气暴躁，她曾有句台词是这样的："世界如此美妙，我却如此暴躁，这样不好，不好。"其实，在职场上也是一样，发脾气之前，一定要多想想后果，这样才会控制好自己的情绪。即使自己已经决定离开公司，也不要像小荣一样乱发脾气，最终给自己带来苦恼。还有，关于办公室的同事，如果不好好处理，也一样会给自己带来麻烦，就像莎莎一样。

莎莎最近正打算换工作，有个猎头公司看上了她，给了她10万的年薪。要知道，这可比莎莎现在的工资高出一倍多呢。莎莎得到这个消息后十分高兴，见人就说，没一个小时的工夫，公司里的人都知道这件事了。于是就有很多人开始嫉妒莎莎，怂恿莎莎开一个庆祝派对。正被狂喜浸泡着的莎莎听了同事的建议，更加轻飘飘的了，于是决定当晚邀请大家出去唱歌。这件事很快就传到了领导的耳朵里，莎莎还没有辞职就这么做，让领导很生气。第二天，领导把莎莎叫到办公室，狠狠地批评了一顿，而且通知人力部门将莎莎开除了。

虽然莎莎已经找好了工作，不担心工作的问题，但是被人狠狠地批评一顿并且开除，绝对不是件好受的事。从那以后，莎莎有了经验，一旦工作上有什么变化，而且自己还想和原来的同事保持良好的关系，就在辞职后请大家吃饭，或者经常和他们相约出去玩，不但增加了大家的感情，而且还不会影响到工作。

不要小看了自己辞职之后的情绪，如果控制不好，就可能会出现和小荣、楠楠、莎莎一样的问题，也许会一不小心就得罪了哪个人，给自己日后的工作带来不必要的麻烦。所以在辞职前后，更好控制好自己的情绪，不能让情绪放任自流，更不能因为辞职而变得有恃无恐。只有谨慎小心，才会走好自己在公司中的最后一步，给自己这一阶段画上一个完满的句号。

自己为什么会愤怒

是不是觉得整天工作很疲惫却没升职也没加薪，职场成功的目标似乎遥不可及，或者月薪逾万也没有感到真正的快乐，有时甚至会感到家庭、事业、同事关系都是一团糟……有调查显示，70%左右的职场人内心都是消极情绪占上风，这种情绪往往会让人表现出愤怒与不满，让人深感疲惫。除了自己不开心，也容易得罪别人，使人际关系变差，导致工作不顺利，甚至职位不保、丢掉饭碗。那么愤怒究竟是怎么产生的呢？在工作中，我们又该如何避免愤怒的发生，或者说在发现自己愤怒之后能够很好地控制，从而将愤怒的情绪转化为工作的动力、生产力呢？

一般来说，一个人在工作中遇到挫折、自己的能力不被重视、与同事间关系紧张以及职场上的恶性竞争，或是公司制度和环境不够健全、开放等等因素，都是引发职场愤怒的原因。除了这些外在因素，有时候一个人自身的因素也很关键，比如说经常性的委曲求全，认为自己在为别人牺牲的心态，或喜欢控制、命令别人，也容易造成心态的不平衡，从而造成职场愤怒。

为什么有些人在职场中就是比其他人更成功，收入高、职位好、人际关系友善、身体健康、整天快快乐乐，而许多人忙忙碌碌地劳作却只能维持生计。其实一个很重要的因素就是人的心态。一个人的心态决定着自己的人生，心态的方向也决定着生命的方向。假如一个人只有仇恨的心态，就不会学会爱这个世界。其实愤怒也是一种心态，尤其在职场上，愤怒是一种通过比较而产生的不平衡的心态。

小萍和小玉是两个不同电视台的节目主持人，因为要合作一个跨国节目而同台主持。小萍是地方电视台的主持，而小玉则是更高级别电视台的主持人。虽说两个人的工作内容相同，但是待遇却有很大差别。换衣服，小玉有专门的木头房子，而小萍则没有，只能在小树林里换衣服；吃午餐，小玉有特制的小点心，接着又是麦当劳，而小萍什么都没有，只能与其他人排队吃盒饭；服务人员，小玉有几个助理，拿衣服的、跑腿的、端茶倒水的十分周到，而小萍却全都是自己做。在这样的对比下，小萍觉得对自己太不公平了，主持相同的节目，待遇却相差这么大，心里不免有些愤怒情绪。

从故事中我们可以看到，比较是愤怒产生的一个因素。如果小萍与小玉一个是主持人，一个是观众，身份不同，不具有可比性，那么在待遇上的差异再大，也不会诱发因对比而产生愤怒的心态。每个人在职场中，由于某种原因，都有可能在职位、薪水等方面遇到不公平待遇，使自己恼火，乃至于愤愤不平，产生一种愤怒的心态，久而久之，就会影响到整个工作。所以，对于这种愤怒的心态，一定要很好地控制，尽量避免。

当面对明显的对比反差时，勿过分计较个人得失，应从大局出发，让理智有效地控制感情、平和心态，这样有助于避免不良心态的滋生和发展。比如说，自己的待遇不如别人，但是自己可以因为工作出色而获得大家的认可，成为大家眼中的有才华的人，这样就可以弥补自己待遇方面的不平衡，也会促使自己在工作中好好努力。自己的待遇不如别人，还可以通过好好工作逐步提高自己的能力，这样就可以获得和他人一样的待遇。从这一点上来说，愤怒就已经转化为生产力了。

专家指出，对于愤怒情绪，平时应培养正面的管理方式，选择适合自己的情绪管理方式十分重要。

1. 幽默可以有效地消除愤怒的情绪，可以帮助自己从负面的想法中得到新观念，更是人际关系的润滑剂，发笑要比发怒有益健康。

2. 用肌肉放松法和深呼吸来调整心态也是一个好办法，也可以通过冥想方式帮助舒缓情绪。平时多运动，都是调节情绪的好方法。

3. 通过网络改善自己的情绪。网络不仅可以帮助我们解决工作中的一些问题，还可以让自己可以毫无顾忌地发泄自己的情绪。总之，网上的内容很丰富，花一些时间熟悉，并留心寻找那些有可能提供帮助的网站，就一定会有新的收获。

4. 正确认识自己。人生最需要的是什么？自己为什么会愤怒？是因为自己的缺点造成的还是其他原因？搞清楚了状况，然后对症下药，才会起到良好的效果。每个人都有缺点和优点，将它们列出一张清单，多听听那些真诚的建议，然后扬长避短，充分发挥自己的每项长处并有效地克服自身的缺点，逐步克服愤怒的情绪对自己的影响。同时不断地激励自己，每天给自己一些鼓励等等。

5. 生活充满秩序。有秩序的生活会使人头脑清醒，心情舒畅。每天下班前整理好办公桌，定期清理计算机中的文件和电子邮件，让自己的工作有序进行。

6. 时刻充满希望，永远向往美好。职场中，难免会遇到令人不愉快的事，也难免遇到一些失败。但这并不重要，重要的是自己还有希望，还有美好的明天要追逐，这就够了。一个有希望的人是不会因为一时的挫折而放弃的，当然更不会随便对自己生气。

一位哲人曾说："愤怒才是人类真正的敌人。"学会管理愤怒这位职场大敌，对于每个职场人来说都十分重要。一个人在职场中能否成功，情绪的作用很关键，它决定着一个人的心态，这一点极其重要。职场中成功与失败两者之间的差别就在于：成功者始终用最积极的思考、最乐观的精神和最有价值的经验调整和把握自己的职业生涯；失败者则相反，他们的职业生涯是受过去职场中种种失败与疑虑所影响和支配的。愤怒就是一种情绪，但却直接影响着人的心态，如何调整好自己的心态，这才是避免愤怒的根本原因。如果能够将自己愤怒的情绪转化为工作的动力，成为一种生产力，那么愤怒也一样成为了好东西。

优秀的员工从不抱怨

你是否会因为工作上的不公平而抱怨？是否因为自己没有获得机会而心生不快？是否因为工作中的各种烦恼而不停地发牢骚？如果你正在这样做，那么你就危险了，如果你在公司里这样做，就绝对是危险的。中国有句古话叫"祸从口出"，很多时候，一句话可能就会造成不可挽回的损失。在职场上，祸从口出的例子更是不胜枚举，所以，如何管住自己的嘴巴，如何让自己在众多的抱怨声中变成一个哑巴，这则是职场人应该锻炼的一种本领。

小朱是公司助理编辑，主要工作就是协助编辑做一些日常工作，有时候校对稿件，有时候配合编辑出去催稿什么的，反正都是一些琐碎而繁杂的工作，经常要加班熬夜，经常因为赶稿子而放弃自己的休息时间。这还不算，因为很多加班都是临时性的，按照公司的规定，临时性加班是没有加班费的。而且作为助理编辑，还要经常受到那些编辑指手画脚的责骂。时间长了，小朱开始有了牢骚，经常会在加班的时候和同事说起这些不公平的待遇。听了小朱的抱怨之后，同事对她说："其实有抱怨很正常，不过抱怨也解决不了问题。还不如用抱怨的时间多做点儿工作，早一点儿回家呢。你看公司里的那些优秀员工，哪个人像你一样抱怨这抱怨那的了？如果你觉得心情不好，就是想抱怨，我看还不如想想其他有意思的事，分散一下自己的注意力。或者你可以在工作之余去娱乐一下，放松自己的神经，这样心情就会好多了，可比抱怨强得多。而且一旦被领导知道你的抱怨，你以后还怎么做工作啊。"

听了同事的话，小朱觉得很有道理，于是以后工作中再也没有抱怨过，一旦感觉有不好的情绪，就会做做简单的运动，调整自己的心态，然后做些自己喜欢的事。小朱还为自己的工作定了个目标，每到心情不好，想抱怨的时候，小朱就想想自己的目标，觉得自己现在所做的一切都是为目标而努力，这样不但抱怨的心情没有了，而且还增添了许多工作的动力。不久之后，小朱凭借出色的工作成绩，被公司评选为了优秀员工，各方面的待遇也有了相应的提高。

很多人喜欢抱怨，是因为他们还没有发现，其实积极完成工作比抱怨更有效，就像小朱一样，将抱怨转化为动力。那些优秀的员工从不抱怨，而是在别人抱怨的时候努力做着自己的工作，当别人把时间都浪费在抱怨上的时候，自己已经将工作做得差不多了。

工作中，我们经常会看见这样的情景：几个同事凑在一块儿，其中一个谈论的就是公司的规章制度，领导的魔鬼管理，还有干不完的活，受不完的委屈……开始是一个人说，慢慢地就是几个人一起说，然后很多关于公司的坏话也就越来越多，而自己的感觉也越来越糟，公司也就越来越不值得干下去。然而过后，一切照旧，就算在刚才的谈话中发誓要换个出路，所有的人依然在公司里继续工作。这就是抱怨。专家指出，抱怨是一种情绪发泄，有不满情绪过于压抑不行，但发泄过度，没完没了抱怨也同样不好，非但解决不了任何实际问题，还不能达到宣泄情感、令人心情愉快的目的，反而会让人陷入负面情绪里。

在工作中，遇到不满，抱怨是一种情感发泄的正常行为，找人倾诉不满，本来是一件很自然的情绪宣泄方式，但过度地抱怨，不但不能缓解烦恼，反而放大了原来的痛苦，陷入满腹牢骚、抱怨不休的恶性循环之中，于事无补。

小许经常对朋友抱怨自己的工作，朋友总是劝他多参加一些活动减轻压力，但小许却说："你说得容易，我每天加班，不加班老板就会把我炒掉，每天累得要死，哪有时间娱乐、社交、锻炼？"听小许这么说，朋友说："其实你总是在抱怨，不一定就是真的存在这些问题。有时候，你的抱怨也许只是受了周围环境或者你的一些不良工作习惯的影响，如果能够避免这些问题，你就会发现，原来自己根本就没有那些问题。而如果你自己不想走出抱怨这个怪圈的话，只能陷入恶性循环，让生活更加糟糕。"

"那我怎么才能做到走出抱怨的包围呢？"

听了小许的提问，朋友接着说："这个其实也不难。首先，让自己远离闲谈。无论谈得多么有趣，闲谈都是终结职业生涯的致命武器，一旦自己有什么细微的情绪变化，总会第一时间在闲谈中表现出来。因为人在闲谈的时候精神放松，提防别人的能力也自然就下降了。可能不知不觉中就会跟着别人一起抱怨起来了。其次，管住自己的嘴巴，最好的办法就是知道什么时候该闭嘴。参与讨论当然是件好事，但如果总是在别人抱怨的时候参加讨论，只能证明你也是一个爱抱怨的人。第三，面对那些喜欢抱怨的同事，一定要对他们坚决说不。人以类聚，如果总是和那些喜欢抱怨的人在一起，时间久了，即使自己没有抱怨，也会给人一种爱抱怨的形象。而且，"近朱者赤，近墨者黑"，说不定哪天自己就放松了精神，也成为公司抱怨大军的一员了。所以说，远离是非才会避免是非。还有一点你一定要注意，上司和同事是工作伙伴，不可能要求他们像父母、兄弟、姐妹一样包容和体谅自己。很多时候，与上司、与同事最好保持一种平等、礼貌的伙伴关系。作为职场中人应该知道，在职场里有些话不该说，有些事情不该让人知道。在家中无论抱怨谁，都可以获得家人的理解和原谅，而在工作中，无论你抱怨谁、怎么抱怨，都不会得到别人的原谅，而且对解决问题于事无补。"

　　正像小许的朋友说的那样，与其将精力花在抱怨上，还不如将精力放在工作上，把工作干出个样来，这样领导自然会看到你的成绩。从这个角度出发，与其用抱怨的方式表达自己的不满，还不如将自己的不满转化为生产力，将自己的工作推向新的高度。

第七章

简单几步理顺复杂的职场关系

在职场上打拼，就免不了要和各种人打交道，自己的上司、同事或者下属，怎么处理各种各样的人际关系，这些也是日常工作中必不可少的工作内容。但职场中的人际关系又是众所周知的复杂：自己和上司之间的微妙关系，自己和同事之间的相互沟通和了解，自己和下属之间的交往程度的把握，自己在面对各种机会时应该处在一个什么位置，以及公司中各种突如其来的流言，还有那些让人头疼的欲望……究竟该怎么处理这一切，不仅是自己工作的需要，同时更是自己职场前途的需要。

在职场中，无论是和上司、同事还是下属之间的关系，由于工作原因，以及自己和其他人之间的地位差距，往往会造成自己与这些人之间的关系难以把握。走得过近了，会被别人说成是拍马屁、拉关系、搞小集团，走得过远了，又会让别人感觉你不合群、清高、自负，也会影响工作。究竟该怎么和大家相处，怎么把握这看似简单实则复杂的各种同事关系呢？其实这也不难，只要你作好了准备，认识了事物的本质，摆正了自己的位置，清楚自己的身份，出于真诚和友善，不犯那些低级的错误，很多时候，这些关系还是容易应付的。

同事就是自己的镜子

工作中，总会发现公司里有些人很讨人喜欢，大家都愿意和他共事，即使这个人在平时和自己没有什么交情，但是大家就是喜欢他。而同时，也会发现相反的情况：有很多人，即使和自己在同一个办公室，每天抬头不见低头见的，可自己就是没有办法认同他，更不要说喜欢他、和他共事了，不但如此，甚至还会认为这个人不好，如果能躲开就躲开，千万不要去招惹。这究竟是为什么呢？为什么都是同事，有的人招人喜欢，有的人就招人嫉恨呢？如果看了下面的故事，也许你就会明白其中的道理。

认识小强的人都觉得他不靠谱，觉得小强是一个不值得信赖的人。小强刚进公司的时候，工作很努力，而且人很会来事，很快就得到了部门经理的赏识和信任，很多工作都交给他去做。

一次，公司要召开集体会议，经理提前一天就让小强通知大家按时开会。但小强却忘记通知一个人，由于那个同事在外面办事，小强没有看到他，也就忘了，准备第二天通知。可第二天那个同事又去办事，小强没见到他也就没想起来开会的事。到了下午开会的时候，小强才想起来，可给那个同事打电话已经来不及了，如果现在再通知的话，显然自己工作没做好，于是干脆就不通知了。当经理问起来的时候，小强就说："我通知了，不知道他为什么没有参加。"于是经理就把那个同事批评了一顿。那个同事也没办法，没有人给自己证明，也只好认了。

又有一次，公司要员工填写档案表，把个人的资料整理入档。由于小强所在的部门正在和其他部门合作搞一个项目,有其他部门的两个人在小强的部门工作。小强将表格交给这两个人,让他们填写过后交给自己。当时这两个人正在忙,于是对小强说:"正忙呢,一会儿我们回去填好了。"听到两个人这么说,小强感觉这两个人是故意在和自己作对,于是找到经理,说这两个人不服从管理,而且态度不好,他们说自己属于别的部门,和这里的领导没关系,领导也管不着他们。当时,经理听了小强的话,也觉得那两个人有些过分,于是事后找那两个人,对他们批评教育了一番。那两个人明明知道这是小强有意夸大其词,可经理很支持小强,也只能敢怒不敢言了。

第三次,有个员工请假回家办事,并且按照规定向小强请了假。当时领导没在,小强就答应那个人等领导回来之后和领导汇报。可是小强并没有这么做,因为这个同事平时总喜欢和小强对着干,小强早就恨他了,所以故意让他有麻烦。果然,等这个同事回来之后,经理很生气,说没有向他请假就走了,太不把领导放在眼里了。这个同事就辩解说自己向小强请了假的,可小强在一边却说根本没有这回事。这个同事遭到了经理的批评和惩罚,不仅当月的奖金没有了,而且这几天还要按旷工处理,如果以后再有不慎,犯了其他错误,就只能走人了。这让小强心里很"舒坦"。可同事却对小强"另眼相看"了。

就这样,小强仗着领导对自己的赏识和手中的权力,很快就将自己的同事打击得体无完肤,这自然不会得到同事的喜爱和尊敬。时间长了,谁都"怕"他,小强所到之处,大家都极力避开,小强简直成了办公室的"公害",人见人躲。

常言道:"路遥知马力,日久见人心。"小强的行为如果只是一两次,可能大家还会原谅他,认为他是一时疏忽。可时间长了,小强依然这么"我行我素",不管别人的感受,自然就会让大家觉得他"不靠谱"。虽说职场要讲究谋略,但并不是让你用阴谋去为自己谋利益。也许一时的阴谋可以得逞,但绝对不会得逞一辈子。即使一时得逞了,也不会赢得别人的尊敬和喜爱。只有那些把职场关系认识清楚了，并且用真诚与同事相待的人，才会在职场上获得大家的认可，才会将职场关系理顺，才能利用良好的职场关系为工作服务。

和小强同时进入公司的小武，和小强年纪相仿，平时不太善于拉拢关系，但他在公司的人缘很好，很多人都喜欢和他共事。虽说小武平时并不怎么爱说话，但是工作起来的确认真负责，敢于担当。

一次，小武和同事小王合作开发一款新的软件，两个人都很努力，可工作中还是遇到了很多问题。刚开始的时候，两个人一起到处找资料解决问题，可问题越来越难，小王有些坚持不下去了，有时也不好好工作了，看上去已经有放弃的念头了。可小武没有放弃，经过多方努力，找了很多资料，最后还是把问题解决了。而且，这款软件开发得还比较成功，领导也很满意，给两个人发了奖金。拿到奖金后，小王觉得有些不好意思，毕竟后期工作都是小武一个人做的，而且自己还多次劝小武放弃。但小武却在发奖金的现场对领导说："这次多亏了和小王合作，才会有这么好的成绩，希望以后领导还能让我和小王多多合作。"听了小武的话，小王心里暗暗感激他，在以后的合作中，两人十分愉快，而小王也把小武当成了主心骨，什么事都喜欢和他讨论。

公司有一个刚毕业的大学生，也是做软件的。有一次，小武和这个人合作一项任务。由于这项工作是那个大学生所擅长的领域，虽说小武是个老员工，而且还是个小头目，但小武在这方面的确不如那个人，于是就虚心向大学生请教，遇到不懂的问题就会去问，没有一点儿老员工的架子。大学生也和小武合作得非常愉快，不仅教会了小武很多新的知识，还和小武成了好朋友，在工作上相互帮助，而小武也教会了他很多东西。可在项目进行到一半的时候，大学生突然有事，没有来上班，也没给小武打电话。第二天大学生来上班的时候，小武才知道，原来他出了车祸，虽然只是皮外伤，但还是有些后怕。小武和他一起到人力部门补了假，以免按旷工处理，毕竟这事情有可原，而且小武还额外地承担了很多工作。从此之后，大学生更加信任小武了，有什么事都喜欢和他说，而小武自然也就成了他心目中的好领导。

也许小武和小强之间最大的差别就在于对个人利益的态度上。小强为了保护自己的利益，不惜牺牲别人的利益，不但没保护好自己利益，还给自己的声誉带来了不可弥补的损失，实在是得不偿失。而小武却和小强相反，在保护自己利益的同时，不忘其他人的利益，做的都是一些利人利己的事，有时候甚至是利人不太利己的事。从中，我们也看出了小武对人的真诚和大度，所以他会有人喜欢，也不足为奇了。同事就是自己的镜子，别人是怎么做的，自己心里要有个数，这样才会将自己的职场关系捋顺。

抓住吃午饭的宝贵时间

刚刚进入一个新的环境，总是会让人感觉很陌生，随着时间的推移，这种陌生感一般会逐渐消失，但是如果希望和公司的同事达成一种比较亲密的关系，似乎并不是很容易。即使已经在公司里工作了很久的人，如果方法不得当，一样达不到和大家融合在一起的效果，唐浩就是一个这样的人。

唐浩换新的工作已经三个月了，按理说应该已经熟悉新的办公环境了，可是唐浩最近有些迷茫，不知道自己究竟是怎么了，就是不能够和大家融入到一起，虽然有时也和大家说说笑笑的，但感觉得出来，大家对自己是那种十分有礼貌、有距离的交流。对于唐浩来说，这种感受十分不舒服，尤其是刚到一个新的工作单位，如果这样下去的话，对自己的工作肯定会产生影响。事情果然像唐浩想的那样发展了，没几天，唐浩接到一个新的任务，需要找一个同事和自己一起做个项目。对于唐浩来说，这个机会很难得也很有挑战性，唐浩想了很久，终于有了合适的人选。可当唐浩把自己的想法跟那个同事说了以后，那个同事似乎并没有唐浩所预想的那样高兴，虽然这个项目对他来说也是一个很好的机会，但他好像有意和唐浩保持距离，似乎是害怕唐浩不好合作的样子。眼看着领导规定的时间就要到了，唐浩这里还没有找到合适的人选，如果没有合作伙伴，这个项目就要给别人做了。唐浩越想越着急，都没有心思做其他的工作了。

　　看到唐浩有些不对劲，唐浩的主管过来了解情况。听明白唐浩的介绍之后，主管想了一会儿，对唐浩说："其实，这个项目很好，不但对你来说是个机会，就是对于与你合作的人也是个很好的机会。我想可能是由于你来公司的时间比较短，大家对你不够了解，所以不敢轻易与你合作，害怕出现问题，毕竟这个项目关系重大。看来，你应该尽快让大家了解你，虽然我知道你这个人很随和，技术也过关，可是大家并不知道，也许是你和大家交流的时间太少了。"听到主管这么说，唐浩也觉得有道理。"可是每天上班就那么多时间，每个人都在忙自己的工作，哪有时间交流啊？"唐浩在心里想着，嘴上也不由得说了出来。听唐浩这么说，主管笑了，对唐浩说："你可以抓住午餐时间啊，这段时间可是同事间交流的黄金时段，这段时间进行交流，大家都很放松，毕竟不是工作，所以很快就会了解一个人的其他方面。而我发现你好像是带饭的，中午总是自己一个人在办公室吃饭，这样就失去了和大家交流的好机会，我建议你还是应该改一改。"

　　接受了主管的建议之后，唐浩马上改变了自己的战略，每天都和大家一起去吃午餐，尽量通过实际行动来表现自己的个性。没两天，就已经和大家有了进一步的交流，同事对唐浩的态度也和以前不一样了，亲密了许多。而唐浩的那个同事，经过几天的了解，觉得唐浩这个人还不错，可以合作，于是答应了与唐浩一起合作那个项目的请求。经过两个人的共同努力，那个项目有了很好的成绩，领导对唐浩的能力更加肯定了，而唐浩也和同事打成了一片，工作也顺利起来。

不要小看大家一起吃饭这件事，和同事一起吃午餐似乎看起来是件十分平常的小事，每天都在发生。而正是这样看起来不起眼的小事，往往会形成一个同事间互通有无的桥梁，给工作带来意想不到的收获。这件小事不仅仅是进入一个新环境所要注意的事项，就是在已经工作了很久的公司里，如果长时间不注意这件事，也会给自己的工作带来不便。

小雨在一家汽车销售公司做了3年的前台，由于工作关系，小雨要经常留在公司里值班，不能和大家一起出去吃饭。时间长了，小雨开始带饭到公司，这样既方便工作，又可以省去了同事给自己带饭的麻烦。后来小雨也发现，自己和同事之间的关系逐渐疏远了，工作也没有以前那么快乐了。好在小雨的工作不需要与那么多人共同做，一个人就可以搞定，但是麻烦还是出现了。

一天，小雨正在忙着接客户的咨询电话，自己的上司王经理过来了，等小雨听完电话对她说："你怎么没有交工作总结？别的人都交了，就差你了，现在老总就要把工作总结交到总公司去，就差你一个人了，你怎么搞的？"王经理说着，一脸不高兴地看着小雨。"可没有人通知我啊？我还不知道这回事呢。"小雨看着王经理多云的脸色，很委屈地说。"不是已经通知过了吗，都好几天了，中午吃饭的时候通知大家的，怎么你不知道呢？"王经理也很奇怪地说。"我每天都自己带饭吃，不和大家一起出去吃饭，我当然不知道了。"小雨回答。"哦，对了，我想起来了，你是不和我们一起吃饭。看来你以后还是经常和大家一起吃饭吧，省得像这次一样出现误会。不过现在老总等得很着急，你赶快写吧，就差你了。"王经理说完走了。没办法，小雨只好马上动手，将工作总结赶了出来。从那以后，小雨开始注意多和同事一起去吃饭，只要时间允许就和大家出去，与同事之间的疏远也渐渐消失了，工作又开始快乐起来了。

也许你的工作像小雨一样，脱不开身和同事一起去吃午餐。不要紧，还有很多机会可以和同事进行沟通，比如可以在聚会的时候好好表现，也可以在同事生日的时候一起聚聚，这些都可以加强与同事之间的沟通。中国人讲究饮食文化，从另一个角度来说，和同事共同吃饭，也可以说是饮食文化中的一个部分，也是工作之外但又关系到工作的一部分。好好利用这部分，一定会对自己的职场生涯产生积极的作用。

注意自己的身份

与人交往，靠的就是和睦的关系，能够办成事，通常也要靠一定的人际关系，这一点很多人都明白。所以在平时，大家都喜欢抓住各种机会组织自己的关系网，通过多种方式来拉关系。这当然不是不可以，但一定要注意，任何事情都要有个合适的方法，如果方法失当，可能就会将原本的好事变成坏事。尤其是在职场中，这种情况就更应该注意，一定要注意自己的身份，摆正自己的位置，不要乱拉关系，否则就会像故事中的张红一样，适得其反。

张红是一家公司的业务员，平时就靠关系来工作。虽然张红本人没有什么背景，但是已经有了两年多的工作经验，而且在这两年多的时间里，她通过与人相处，通过在销售工作中学会的人际交往知识，不断地扩大自己的交际网络，不断地拉关系，已经在本职工作上有了一定的成绩，就连公司老板对她都很满意，觉得张红是一个可造之才，是个拉关系的好手。于是公司里有很多重要的客户都让张红去应酬。张红不负众望，总能在关键时刻表现出自己在拉关系方面的天赋，解决了工作上的很多问题。

不过张红也不是一帆风顺地达到今天这个程度的,她曾经也因为拉关系这件事,给自己带来了不小的麻烦。那时候张红还在原来的公司工作,也是销售部门。由于工作经验不足,张红犯了一个大错误。虽说不是业务上的错误,但是这个错误却影响了她的业务,甚至进一步影响了她的工作,以至于她后来不得不离开了那家公司,重新找工作。

一次,张红与自己的部门主任一起去见一个客户,可到了才知道,公司里的另一个领导也去了。当时,就张红一个人是下属,自然要担负起"照顾"领导的责任,于是张红就跑前跑后地为两位领导服务。可正是张红这种积极为领导服务的态度,得罪了自己的部门主任。原因就是张红过于关心另一位领导了,比如说倒水,张红总是给另一位领导先倒,吃饭的时候有新菜品上来了,张红也是先于自己的部门主任,让那位领导先吃,在唱歌的时候,也是给那位领导先点歌等等。在张红的部门主任看来,这一次与客户之间的见面,几乎就成了张红向另一位领导献殷勤、拉关系的机会,所以对张红十分不满。虽然这种不满没有表现在脸上,却在日后的工作中逐渐表现了出来。张红在工作中总是受到部门主任的为难,不得已离开了公司。在张红离开后,原来的同事才告诉她,就是因为那次客户见面的事,部门主任才逼迫张红这个"吃里爬外"的下属离开的。张红这才明白是自己忽视了自己的身份,没有摆正自己的位置,所以才招来了这次离职之灾。从那以后,张红开始注意这方面的事,在以后的工作中再也没有出现过类似的错误。

工作中,与顶头上司一起出差或者开会的机会会有很多,当然因此与顶头上司的上司及其他单位领导接触的机会也就随之而来。这个时候,一定要注意摆正自己的位置,不要乱拉关系,更忌讳在顶头上司面前向其他领导大献殷勤,如果你不小心这么做了,那么再宽宏大度的上司心里也会不是滋味,就像故事中的张红一样,因为这种情况与上司结下了一个难以解开的疙瘩。

我们的身边总会有很多人,他们与上司相处得就十分融洽,同时,他们与同事相处得也十分到位，无论是上司还是同事，都很喜欢他们。如果你还因为和上司以及同事相处的事而发愁，不妨看看他们是怎么把握自己的身份特征，怎么把这件事做好的。

小白在公司工作3年了，和公司里很多人的关系都很好，和领导的关系也不错，而小白平时又不是那种特别喜欢拉关系的人，他究竟是怎么和同事相处融洽的呢？关于这个问题，小白有自己的看法。

在小白看来，无论是和领导还是和同事相处，没必要说谁要巴结谁，只要摆正了自己的位置，一切从真诚出发，自然会得到好的回报。比如说记住了同事的生日并送上自己的祝福和小礼物，在得知同事得了感冒，及时建议其多休息，送出自己的关心，这绝对是有必要的。在这些小地方，往往会起到潜移默化的效果，会让同事在无形中就把你当成一个好朋友，即使没有当成好朋友，也绝对是好同事，在以后的工作中，一定会与你愉快地相处。这种同事间的关系，就一定要拉，而且还要拉好。平时可以通过一起吃饭，一起出游，一起运动等方式，逐渐加深这种同事间的友谊。这样时间久了，同事之间的良好感情自然就建立起来了。

用小白的话说："要拉好关系，送礼物是一个十分重要的环节。礼物的作用如果发挥好了，往往会让自己成为单位里最受欢迎的人，如果发挥不好，就会有阿谀奉承的嫌疑。平时可以多注意，真心地选择礼物，才会避免这样的情况发生。比如出差回来，可以给同事带些具有地方特色的新奇礼物或者特产；同事生日时，可以自制一张小卡片，写上自己祝福的话，或者在上面再歪歪扭扭地画上同事和自己工作时的卡通形象，一定会把人逗乐；特殊的节日，发张电子贺卡或发条短信，让同事知道你还想着他；如果与同事闹了矛盾，一般当面表示自己的歉意似乎不太好意思，但又不想和同事就此生疏下去，可以通过一个精心挑选的小礼物表达自己的心意。当然，在送礼物的过程中，一定要注意，不能送过于贵重的礼物，在礼物价格的把握上要适当，如果过于贵重，会让接受礼物的人心理上有负担，以为你有什么事有求于他，反而会让同事觉得你过于功利，影响你们之间的关系。"

另外，小白还总结出，和同事相处，不要吝惜赞美的语言。当然这种赞美要确实存在，不能无中生有，那就变成了阿谀奉承。比如你可以适当地称赞对方工作上的长处，经常向对方请教比较容易解决的问题，在对方擅长的领域里请教对自己也有用处的问题等，这样容易使对方产生一种满足感，那么同事之间相处就比较容易。

也许小白的同事都很好相处，也许小白的领导也是特殊的随和之人，但是小白对于自己身份的把握和发自内心的真诚，则是与同事相处的最好方法。任何时候，只有让自己从真诚这个角度出发，才会获得丰富的回报。这一点是毋庸置疑的，也是身在职场，处理好各种人际关系的圭臬。

别妄想做上司眼里的完人

很多人都希望自己能给上司留一个好的印象，这没有错，也是职场奋斗中应该做到的。但是同时我们要记住，任何人都不可能是完美的，那么自己在上司眼中自然不可能是完美无缺的人，只有承认这一点，尽力做到发扬优势避免缺点，这样才可以将自己的光辉形象继续下去。如果只是一味地追求在上司眼中的完美形象，往往会像晶晶一样，适得其反。

晶晶是公司里的录入部门主任，工作两年，由于聪明能干，领导对她的印象十分好。晶晶也知道这一点，处处都努力，希望能够给领导留下更好的印象。出于这样的考虑，晶晶总会抓住机会尽量表现，每次接受新任务时总会让部门中的人尽快做好，这样就可以给领导留下能干的好印象。虽然这样做会让部门中的其他员工付出更多的努力和时间，但是晶晶为了自己的完美形象顾不得那么多了。时间长了大家都有些不高兴，虽然每次还是按照晶晶的吩咐去做，但背后免不了要发些牢骚，说说晶晶的坏话。一次，大家发牢骚的时候正好被领导听见了，领导问明了事情缘由之后，把晶晶叫到自己的面前对她说："你为工作着想，我没有意见，但是你也要顾及大家的感受。如果只是一味地为了某些个人的原因而不顾及他人的感受，这样做也不见得就是件好事。这次我就不追究了，不过以后一定要注意，不要让大家觉得公司的领导是不通情理的人，影响公司的声誉。你这个人平时表现挺好的，虽然没什么不足，可这个缺点却一定要改正啊，不然，会有很多人不服气的。"听了领导的话，晶晶虽然心里有些委屈，但是仔细想想领导的话，也不是没有道理，自己过于要求完美的形象，反而让领导感觉自己有更大的不足之处，看来这个教训一定要好好接受才行啊。

晶晶的教训不仅仅是她一个人的，也是我们大家的。如果你是一个和晶晶一样，希望自己在领导眼中是"完美"的，那么就要当心了，不要犯了和晶晶一样的错误。话说回来，每个人都不可能完美，自然在领导眼中也不会完美。因为领导比我们更加懂得人无完人的道理，所以他才会尽可能地用好每个员工的优点。如果有谁希望自己成为领导眼中完美的人，也许就像下面故事中的欣欣一样，是在自寻烦恼。

欣欣在公司里是经理助理，经常和经理在一起，时间长了，欣欣了解了经理的特点，知道了做哪些事会讨经理喜欢。欣欣利用这一点，做事总是能够得到经理的认可，这也让欣欣对自己的未来充满了希望。可是有一次，欣欣却做了件事与愿违的事，不但没得到认可，还让经理给批评了一顿。这件事过去了好几天，欣欣都感到有些不舒服，觉得自己在经理眼中的完美形象受到了破坏，说不定还会影响到自己将来的工作。虽然经理在那件事之后一直没有什么变化，对欣欣还是和以前一样，但是欣欣总是担心自己的形象没有以前好了，很多时候工作也受到了影响。

　　忧心忡忡的欣欣将自己的事和叔叔说了，叔叔是一个公司的副总，听了欣欣的话，对他说："我最近看了一部电视剧，说的是和珅和纪晓岚之间的故事，觉得很有意思。我们撇开这些故事的历史真实性不说，单单就故事本身来说，其中有很多道理无不启示着我们每一个人。大家都知道职场和官场差不多，很多事情都有相似之处。比如说和珅与纪晓岚两个人都是乾隆皇帝喜欢的人，可是让乾隆在两者之间选择，究竟是喜欢和珅多一些还是喜欢纪晓岚多一些，这恐怕就不好说了。因为这两个人身上各有各的特点，也各有各的缺点。和珅虽然做了很多坏事，但是他对乾隆的忠心是乾隆不曾怀疑的，而且他善于言说，对于乾隆的内心洞察得十分到位，常常做好乾隆想做却又不能做的事，所以乾隆喜欢他。但是乾隆自己也知道和珅是个什么样的人，知道和珅会经常做一些违反规则的事。而纪晓岚呢，这个人做官清正廉明，个人才华出众，心为百姓，主张正义，这也是乾隆欣赏他的地方。然而，纪晓岚也有自己的不足之处，那就是这个人总是不能够将自己的想法恰到好处地表达出来，有时候甚至会做一些让乾隆感到没面子的事，虽说这些事于理都是对的，但是方式却总是不能够让乾隆欣然接受，这也是纪晓岚在乾隆眼中的缺点。所以说，任何人都不可能成为上司眼中的完人。上司有上司的想法和立场，有自己的难处和不可告人的秘密，无论是谁，触动了上司这些难处和秘密，都会影响到上司对他的看法。所以说，如果一心想做上司眼中的完人，是不可取的。你一直想把自己打造成上司眼中最完美的那个人，这也是不切实际的。其实，只要你认真做好工作，将公司的利益放到第一位，平时可以通过工作和上司处好关系，在关键时刻表现出自己对上司的理解和支持，这些就可以了，没有必要非得事事都做好，事事都让上司认可，这也不太可能，也不一定就是好事，有时候也许还会引起上司的猜疑，反而会弄巧成拙。"

听了叔叔的一番话，欣欣也觉得很有道理，于是工作又恢复了以前的状态。没过多久，欣欣在一次和经理的谈话中得知，自己那次所做的事，虽说与经理的利益发生了冲突，但经理并没有责怪欣欣的意思，而且还告诉欣欣不要担心，哪个人都不可能是完美的，犯一次错误也没关系，这是很正常的事等等。从那以后，欣欣终于明白了一个道理：任何人都不可能是完美的，只要努力做好该做的事就好，不一定要挖空心思做上司眼中的完人。

上司喜欢什么样的下属，一般会因人而异，但无论怎么变化，细节有什么不同，大的原则还是有一个基本的标准的。那些聪明、机灵、遇事懂得变化而且以大局为重、富有才华的人总是会受到上司的喜爱。如果还没有一个明确的概念，可以将自己与上司换位思考，如果自己是领导，会喜欢什么样的下属呢？如果这个问题解决了，基本上就可以知道自己的上司大致喜欢什么样的下属了。至于那些细节方面，就要在平时的工作中慢慢体会，慢慢总结了。

搞好同事关系要把握"度"

一说搞好同事之间的关系，很多人就会联想到"拍马屁"，提到主动与同事交往，就会联想到自己点头哈腰的模样。其实不是这样，与同事搞好关系，处理好自己与同事之间的人际交往，不是让自己向同事谄媚，不但工作上不需要这样，而且一个人的做人原则也不允许这样，再说了，与同事交往，也根本没这个必要。只要摆正自己的态度，用正确的方法和大家交往就好，不存在讨好谁这一说。相反，如果自己总是在同事交往中低三下四，会适得其反，让大家讨厌你。就像小梅一样，由于方向性的错误，导致自己在职场上的失败。

小梅刚参加工作时，爸爸就嘱咐她要和同事搞好关系，这样工作做起来才会顺利。小梅谨记着这番话，上班的时候，总是尽力和别人好好相处，如果有机会，小梅还会主动和同事套近乎。为了和大家拉近关系，小梅在办公室总是会叫同事们"姐姐""哥哥"，每逢同事有什么特别的事，比如说同事的朋友结婚，同事的父母过生日等，小梅都要到场，送上自己的"份子"。有一次，一个同事由于私人原因把工作耽误了，小梅不但没有追究，反而利用手中的职权让这个同事"过关"了。虽然这个同事当时很感激小梅，可没过多久又犯了同样的错误。小梅依然替这个同事"挡"了。后来，小梅的同事发现小梅总是这样不讲原则，也开始疏忽起来，工作也不那么认真了，因为他们知道，小梅会对自己手下留情的。就这样，没过多久，领导就发现了小梅的行为，领导很严肃地处理了其他同事，警告他们不能这样对待工作，而关于小梅，则因为对工作不负责任，将其开除了。

像小梅一样，因为要搞好同事关系而最后落得开除的下场的确不值得，可是小梅的所作所为是不是也给我们提供了一些警示呢？小梅的做法的确过头了，和同事相处没有必要这么过火。但是，实际工作中，还有一种人，为了避免和小梅一样的结局，对于同事关系却用另一种方式来表达。

小华就是一个和小梅相反的人。小华一直很排斥关系，认为和同事好好相处就是为了拉关系作准备，所以平时很少与同事交往。平时见了同事连招呼都不打，只有当同事点头寒暄时，才皮笑肉不笑地致意。要是带些赞美性的语言就感觉说不出口，脸红心跳不好意思，把简单的对于别人的恰如其分的赞美也称之为"阿谀奉承"，甚至认为是"拍马屁"。

很显然，小华的做法也不正确。如果小梅的做法是同事相处中一个极端的话，那么小华的做法则就是另外一个极端。一个太过火，一个太不到位，这两种情况都是我们要强调的，也是我们所要避免发生的。身为年轻白领，每天至少有8个小时和同事在一起，如何与同事相处十分重要。专家指出，处理好同事关系，应注意以下几点：

1. 亲密"有"间。与同事保持友好的关系是必须的，但是同事之间毕竟存在竞争，一旦别人了解了你的长处与短处，甚至掌握你的隐私，关键时候就有可能击败你。人往往在没有利益冲突时可以称兄道弟，一旦有利益纷争，就可能反目成仇。所以，一定要在和同事保持亲密关系的同时，保护好自己不被伤害。尤其是在物质上的往来，更要一清二楚。不要因为同事之间的那份亲密而忽略这一点，要记住"亲兄弟明算账"，不要因为这方面而引起误会，从而影响同事之间的关系。

2. 形影"相"离。站在同一立场上，往往会让人产生"同仇敌忾"的想法和行为，某个人开口抱怨工作太多、待遇又差，其他同事大多随声附和。如果这个时候能够三思而后行，和同事形影"相"离，对领导提出自己的见解，一旦你的想法对公司有利并被落到实处，这样对提高你的威信会产生积极作用。

3. 维护自己的成绩。要靠成绩来证明你的出类拔萃，如果成绩是自己的，就要真正得到自己应得的赞赏。

4. 平等相处。与同事相处的第一步便是平等，不管你是上司还是下属，心存自大或心存自卑都是同事间相处的大忌。相互尊重是处理好任何一种人际关系的基础，同事关系不同于亲友关系，它不是以亲情为纽带的社会关系，亲友之间一时的失礼，可以用亲情来弥补，而同事之间的关系是以工作为纽带的，一旦失礼，创伤难以愈合。如果是自己的失误产生了同事间的误会，应主动道歉说明。

搞好同事关系，不是让你去谄媚谁，更不是让你利用手中的职权去讨好谁、放纵谁。如果第一个故事中的小梅从开始就明白这个道理，也许就不会有被开除这样的结局了，也许还会像小夏一样，推动自己的工作。

"与同事相处，用显微镜来看别人的优点吧，千万要记住每个人都是优秀的。真诚地对待每个人。多沟通，聊聊家常，当别人跟你说心里话的时候，要认真聆听，别不耐烦。认真替他们分析，帮他们摆脱苦恼。见面主动和同事打招呼,这是亲近别人的方法。不能自傲,有的时候要很谦虚,一般的时候平等相待就行了。和别人约好的时间,一定要准时。如果不能到,一定要让别人有心理准备。新同事之间认识往往是凭第一印象,所以给别人第一印象一定要好,听别人说话要正视他的眼睛,不要左顾右盼。"这是小夏的原则,也是他平时实践的标准。

小夏所在的公司,有一次来了好几个新毕业的学生。这些学生刚刚进入社会,什么都不懂,对于工作,更是一窍不通。小夏总是会告诉他们该怎么工作。虽然同事也对小夏说"教会徒弟饿死师父",但小夏觉得,如果自己真有本事,就不会被别人比下去,如果没有能力,就算不教这些人,别人也不会比自己差多少,而且自己学的那点东西也不是别人研究不出来的,日后这些人也一样可以自己学会,还不如试着去教他们。就这样,小夏很快教会了那几个大学生,但同时也得到了回报。这几个学生对小夏特别尊重,工作中也相互帮忙,小夏的工作比以前更加顺利了。

同事是一天中除了亲人之外和自己接触时间最长的人。与同事相处得怎样,直接关系到自己工作的进步与发展。真诚与同事相处,让彼此之间关系融洽,有利于工作的顺利进行,从而促进事业的发展。这就需要很好地把握一个"度",这样才会让自己更快地理顺职场关系,为自己的工作服务。

在流言面前寻找真相

曾有人对流言的容忍程度作过调查,结果显示,60%的人认为职场中的流言飞语最让人无法容忍,但职场上的流言却一天也没有停止。工作中,总避免不了产生误会，有了误会往往就会因误会而产生一些流言。面对流言，应该采取什么样的措施呢？"对恶意的诽谤，只能使人腰杆挺拔、头脑清醒。一旦发现别人心怀不轨，就更应该行得正、坐得端，这样，才能让'清者自清、浊者自浊'。"另外，有些流言可能是无意的，这就需要你保持清醒，正确对待流言，让事实证明自己的清白。

李强是某知名公司的部门经理，有十名下属。一次在分配工作的时候，有一位女下属怀孕了，李强就把部门最轻松的工作交给了她，但是其他人并不知道这个情况，都认为李强有私心，把最容易的工作给了那个女同事。于是一时间流言四起，甚至有的人还在背后说他们的坏话。

听到流言的李强感觉到有点儿委屈，本来只是希望帮助有需要的同事，可没想到却给自己带来了这么多的事。但他并没有因此而对那些说坏话的人有什么不同，每天还是一如往常地打招呼，虽然大家都不情愿地和他打招呼。一个月后，那个女下属的变化让大家明白了一切，于是各种不满意和抱怨立刻消失了，而且说过李强坏话的下属还主动找到他承认错误，李强还是一如既往地和大家交往，但大家对他的态度却比以前更好了。

对于成绩优秀的办公室职员来说，难免会惹些流言上身，这是因为优秀与平庸如影随形，相伴相生，优秀者总难免受大部分平庸者的打击和排挤，而流言正是平庸者惯用的招式之一，一试见效，屡试不爽。那么如何从容应付办公室的流言呢？

阿军在一家规模较大的连锁药店做店员，勤勉敬业，加上积累的经验和技巧，很快得到了回报，销售额遥遥领先于其他店员，也因此赢得了店长的欣赏。店里面的日常管理，店长经常会征询阿军的意见，还有产品的促销方案和很多问题的处理，很多时候也会听取阿军的意见。上司的信任给了阿军很大的鼓舞，阿军更加努力工作了。但是最近，阿军却发现几个往日与自己关系和睦的同事，对自己的态度变得若即若离起来，这让阿军十分困惑。而且由于失去了融洽的人际关系，工作也开始变得不顺利。虽然阿军试图弥合这种人际上的裂缝，可是一直没有什么效果。好在店长对自己还信任，阿军想到这些也就不再去想那些同事关系了。

可是没过多久，信任阿军的店长被调回总部，新店长"新官上任三把火"，推陈出新，虽然还没有作好充分的准备，还是陆续出台了不少规定和措施，但这样折腾的结果是销售不升反降，这也直接影响了每个店员的工资和奖金。一天下午，几个店员在一起闲聊销售业绩的事，似乎大家都有些抱怨的情绪，当时阿军也随口说了句："新店长好像一直待在总部的。"这话很快就化做了流言，几天后，竟然有人说阿军在背后指责新店长不懂销售。从那以后，新店长对阿军的态度也不如从前友善了。

面对眼前的一切，阿军没有暴跳如雷，也没有大吵大闹地要找出"幕后真凶"，他知道那样做于事无补，反而还会让店长觉得自己遇事急躁、不稳重。冷静思考之后，阿军觉得自己也有错，应该反省，自己当时说的那句话虽然没有别的意思，但是在那种情况下说出来也的确有些嫌疑，也难怪同事会误会自己的意思。而自己最近一段时间和同事之间的关系有些紧张，也许是因为自己过于出色，让大家嫉妒，但不管怎样，自己的确需要和同事搞好关系，这样就不会有流言了。看来，自己要彻底摆脱现在的状况才行。想到这些，阿军马上行动，准备将流言粉碎。

第二天，阿军来到店长办公室，先发制人，对店长说："店长，好像有人传言说我背后说你不懂销售，我想其中可能存在误会。"店长对阿军的这番举动先是惊讶，但听到阿军一番解释之后，终于明白了事情的真相，于是平静地告诉阿军："我不会轻易相信流言，你回去安心工作，不要因为这些不存在的东西而影响工作。"从那以后，一切风平浪静了。但这次经历也让阿军领悟到：流言面前，首先要保持镇静，仔细思考事情的前因后果，反省一下自己是否有不当之处，这样才会找到流言的破绽，然后摆出事实和真相，敞开大门说话，就会给流言以致命一击。如果能够找到有力的支援那是最好不过的了，这样自己才会更有依据。而作为流言的受害者，只有在流言面前变得机智一点儿，果断一点儿，理智地采取应对措施，加强沟通，制止流言的蔓延和传播，才会保证自己不受伤害。

如果我们都能够像阿军一样，在流言面前保持正确的态度，采取正确的方法，那么流言也就不再是影响自己工作的敌人了。不过，为什么流言总会找上自己，而不是别人呢？也许这也正是经常被各种"八卦"所困扰的人应该注意的。

其实流言本身并不可怕，可怕的是在听到流言之后的态度和反应。有的人听到流言后会一笑了之，而有的人却为此心中不安，甚至心神不定、彻夜难眠。而这些人正是会被流言所左右的人，也正是缺乏自信的人。因为对自己缺乏信心，就会过分在意别人的评价，甚至可能为了维护形象而做一些本来不愿做的事。这样的人遇到困难时，容易责备自己，遇到流言，他会归因于自己是否太出格，而不会去想是他人的原因。这样的人，人格不独立。如果他们将流言当成同事的公论，就会怀疑自己的能力，有的人甚至自暴自弃。小李就是典型的例子。

小李的哥哥是公司的副总，小李自从到公司工作之后，成绩一直不错。但有一天，他却听同事说自己："上边有人，做什么能不行啊。"从那以后，小李开始觉得自己的成就都是因为哥哥，而不是自己努力的结果，没多久，就辞职离开了。

还有那些有野心的人，把升迁看得比什么都重要，在方方面面都严格要求自己。这些人由于过于渴望升职，总想在人前树立正面的形象，容不得一点儿负面的看法。一旦遭遇流言，他们就会夸大流言的力量，认为自己的努力都白费了。

所以说，一定要认识到自己的特点，然后有针对性地避免流言的发生，防患于未然，这才是消灭流言的最好办法。

把握和领导之间的微妙关系

怎样和领导相处，怎么能够和领导有一种融洽的关系，这恐怕是所有职场人都想知道的事，也是所有职场人都想做到的事。可事实却总是事与愿违，并不是所有的人都可以和领导和睦相处，并不是所有的人都能够正确处理好自己与领导之间的微妙关系。职场上，总会有许多人不知道与领导的相处之道，不懂得如何将自己和领导之间的关系把握好，使之成为自己工作的推动力。就像故事中的皮皮一样，在与领导相处的过程中，总是会出现这样或者那样的问题，最后把自己弄得焦头烂额，无所适从。

皮皮是个聪明的小伙子，虽然毕业没有多久，但是能力很突出，尤其是在和客户谈判方面，皮皮似乎就是个天才，很多事情一学就会，而且还能举一反三。虽然经验少，但有胆识，有眼光，很多时候比那些经验丰富的老手都更有杀伤力。也正是这样，领导总喜欢带着皮皮，喜欢让他和自己一起工作，似乎还有意要培养皮皮。对于领导的用意，聪明的皮皮当然明白，所以工作起来就更加努力，在与客户谈判的时候也就更加用心。皮皮的进步让领导很满意，由于经常一起出差，皮皮和领导的关系也显得很亲密，尤其在没有外人的情况下，领导对皮皮很随和，并多次要求皮皮监督自己的工作。虽然领导对皮皮这么说，但是皮皮并没有因此而感到有什么特别，皮皮认为领导是一个十分坦荡的人，而且很有能力，自己也从来没有见到领导犯过什么错误。

一次，领导又带皮皮去谈一个项目，这一次不知道怎么了，在谈判的关键时刻，领导突然说错了话，这一错可不要紧，公司的整个计划都会受到影响，可领导在说错话之后似乎还没有察觉。这下可急坏了一旁的皮皮，皮皮知道，这次谈判对于公司来说十分重要，这个项目也关系到公司的前途，如果这次谈判有什么闪失的话，那后果不堪设想啊。可领导说错了话似乎并没有觉察，这可怎么办呢？皮皮使劲地看着领导，可领导似乎并没有看到皮皮在给自己使眼色，依然在那里继续说。眼看着领导就要说完了，如果这个时候再没有人出来纠正领导的话，那么这次谈判就要定局了。着急的皮皮看着其他同事，可大家都没有什么反应，虽然皮皮不知道这是什么原因，但他实在是不能再等了，只能站出来纠正领导了。虽然皮皮也考虑到自己这么做会不会让领导难堪，但是一想到领导平日里对自己说过的话"如果有什么错误就给我指出来"，皮皮就鼓足了勇气，站起来打断了领导的话，指出了领导的错误，维护了公司的利益，使得公司免去了很多不必要的损失。

看到一切都挽回了，皮皮松了一口气，满脸的得意，抬眼看着领导，满心想着领导一定会感激自己，可是没想到，皮皮看到的却是领导一脸的尴尬和眼中的愠怒。这下皮皮知道不好了，自己把领导得罪了，可为时已晚。回到公司，领导当着大家的面勉强地表扬了皮皮的举动，说了一些场面上的话，可皮皮知道，领导口气中透露出来的却是不满。事情果然像皮皮想的一样，领导从那以后和自己疏远了很多，也不带皮皮去谈判了，甚至给皮皮安排了一个闲差。心里有些不服气的皮皮很伤心，觉得领导太过分了，自己也是为了他好，如果那次谈判失误的话，领导也会跟着倒霉的。于是皮皮开始发牢骚，和一个同事抱怨，还说了当时的情形，说领导没有胸怀等等。也许这话传到了领导的耳朵里，没过多久，皮皮的遭遇就更惨了，最后不得不离开公司，另谋出路。

和上司相处要动脑筋，这是很多人都知道的事，可也是很多人做不到的事。就像故事中的皮皮一样，明明知道自己的领导是个什么样的人，可还是没把握好事情的关键，没有处理好自己和领导之间的关系，最后不得不选择离开。不过话说回来，像皮皮领导一样的上司，既刚愎自用又没有自知之明和用人雅量，也没必要绞尽脑汁去浪费自己的时间，得罪了也不可惜。但如果自己遇到的是一个虚怀若谷、开明思进的好上司，却由于自己的原因而最终离开了，这不能不说是一种遗憾。上面故事中的皮皮就是抱着这种遗憾离开了公司，如果他懂得与上司的相处之道，就像下面故事中的小曹一样，也许境遇就大不相同了。

小曹是公司的采购员，很多时候都要和领导一起出去采购，这也就增加了和领导相处的时间，对于小曹来说，这是好事也是坏事。因为要经常和领导在一起，表现的机会也就比别人多，但同时，遇到的问题也会比别人多，尤其是在和领导之间的关系把握上，就是让小曹头疼的地方。虽然小曹知道自己是一个聪明、机灵、有头脑、有创造性的员工，总是出色地完成任务，上司也很喜欢自己，但是也正是这一点，让小曹很为难。

领导也有不足的地方，有很多地方也是需要改进的，在工作中经常会碰到这样的情况，每次向领导提意见就成了小曹最大的难事。每当这时，小曹十分注意从正面有理有据地阐述自己的见解，尤其是提那些含有批评倾向的建议时，更是要必须照顾上司的面子，不能说出让上司下不了台的话。虽然只有上司和自己在场，但小曹从来没有顶撞过上司，在小曹看来，顶撞上司这是最最要不得的。慢慢的，小曹开始适应了和领导相处，也逐渐获得了领导的赏识和认可，甚至总结出了一套和领导相处的秘诀。

一次，有人向小曹"取经"，学习如何与领导相处，小曹就对那个人说："其实，批评上司的方法有很多，关键是看如何运用。如果运用得当，就会既达到目的，又不伤情面，还会让上司觉得你是为他好，对你刮目相看。比如你在向领导提意见时，一定要说领导喜欢听的话。任何一个人都有喜欢听的话，要掌握领导的特点，在关键时刻使用这些词会帮你很大的忙。还有，领导一旦出现错误，千万不要抱有幸灾乐祸的心态，即使你和领导平素关系不和，也要帮他担一定的责任并分析原因，总结教训，多加劝慰，这样你的日子才会好过。不过这样做的时候一定要看场合，看情况，要根据领导的实际脾气秉性而定，如果是那些无所谓的错误，可以装糊涂，做出疑问的表情，通过要求领导解释说明的方法来提醒领导，从而避免一些尴尬场面的出现。假如领导遇到了不懂的专业知识，一定要对他说明情况，但要切忌在公开场合与他辩论，如果领导采纳了你的建议，一定要做好保密工作，否则真相大白之时也就是你倒霉之日了。总之，维护领导的威信是至关重要的，记住这一点，就可以逐步和领导搞好关系了。"

也许小曹的话会让很多人感到不屑，但仔细想来不无道理。中国人有个习惯，或者说是职场文化，每当在讲自己的成绩时，经常会先说"成绩的取得，离不开领导的帮助"这种套话，听起来虽然乏味，但却大有妙用，仔细琢磨，还真是不得不信的职场真理，也正是和领导相处的有力武器。

在公司聚会上好好表现

中国人讲究酒桌文化，这也是职场人拉近与他人关系的重要一步。也许你还没有注意到这一点，也许你正在为自己没有办法尽快融入到一个集体中而感到伤神，也许你在工作中总会因为和同事之间的关系处得不好而身心疲惫。这样的时候，要尽量抓住公司的重要活动，这也正是你改变和同事关系的重要环节。

小唐是一家报社的编辑，报社很大，而且很多人由于不坐班，很难和他们见面，更不用说和他们处好同事关系了。虽然这样省去了很多同事相处的麻烦，但同时也有缺点。由于很长时间内不能和同事熟悉，小唐感觉工作很吃力，尤其是在遇到问题或者需要与人合作时，自己总是感觉到孤立无援，有时候甚至有些力不从心。这些问题都让小唐感觉到新工作虽然时间自由，但是做起来却也不是件愉快的事。

这一天,恰好是单位五一节之前的聚会,也是单位企业文化活动的一部分。单位里所有的人都来参加了,小唐有了与大家会面的机会。为了抓住这次机会,小唐提前几天就开始熟悉同事的资料,包括每个人的姓名、籍贯、毕业学校、曾获得的奖项以及在单位中做过的可以炫耀的事,只要能找到的资料,小唐都没有放过。到了聚会这一天,小唐先观察了每一个人的特点,然后根据每个人的特点——"拜见",尤其是对那些和自己工作关系密切的人,小唐都没有放过,和每个人都打了招呼,还谈了很多关于对方的事。这样一来,大家都开始觉得小唐是个有心的人,对自己的事情这么了解和关心,对小唐也开始注意起来。

按照惯例,单位在这样的活动中总会有一些文艺节目的安排,小唐也根据自己的实际情况,拿出自己最拿手的才艺,唱了一首歌。虽然演唱水平很一般,但是小唐情真意切地表达却让大家感到了他的真诚,对这个小伙子更加喜欢了。从单位的那次聚会以后,小唐开始被大家所认识,加之小唐平时也是个勤快而有礼貌的人,很快就和大家有了进一步的沟通。在工作上遇到什么事,小唐就会打电话问自己的同事,而且每个人也很愿意和小唐合作,觉得这个小伙子人不错,而且有礼貌,又懂得幽默,工作起来也很有趣。就这样,小唐一步步走出了孤立无援的困境,在单位里的人缘越来越好了,和同事的关系也逐渐亲密起来。

有很多人和小唐一样,进入到一个新的环境里总会有一个逐步适应的过程,即使是一个身经百战的职场老手也是一样,都要经历与新同事逐步磨合的过程。如果这个过程中出现了什么问题,也许就会对自己的工作造成影响。而一旦这个过程顺利地完成了,就像小唐一样,会对自己的工作产生帮助。其实,很多时候很多做法不仅仅适用于刚刚进入新环境的人,同时也适用于在公司中工作很久了与同事关系相处不佳的人,就和下面故事中小姚的经历一样。

小姚在公司的行政部门工作，每天负责员工的考勤，还有很多其他琐碎的办公室工作。由于工作的原因，小姚总会无意中得罪很多人，尤其是那些经常迟到的人，由于小姚铁面无私，即使迟到两分钟，小姚都不会留情面。也正是这样的工作作风，很多人都不太喜欢她，觉得她这个人过于教条化，没有人情味。这样一来，小姚的工作无形中就受到了影响，尤其是在做其他工作的时候，总是会遇到那些同事的难为。这种情况也让小姚很为难，经常为了工作的事难受。这样的情形持续了很长一段时间，小姚也在想该怎么解决这个问题。这时已到年末，要进行很多的工作总结，是小姚一年中最忙也是最头疼的时候。根据以往的经验，这回肯定会有很多同事要故意为难自己，以报考勤之仇。这一天，公司举行了年会，在年会会餐的饭桌上，小姚做出了一个举动，让所有的同事都对她改变了看法。

　　原来，小姚经过仔细的思考，终于找到了自己工作不顺利的原因，就是和考勤制度有关。公司规定只要迟到一分钟，也算迟到，没有通融的余地。而小姚在执行公司制度的过程中，总是不能得到同事的理解，所以才会造成大家不支持自己工作的现象。小姚经过多番考证，借鉴了别的公司的经验，提出了自己的想法：跟老板提议改动考勤制度。在会餐的酒桌上，小姚先感谢了老板对自己的信任和栽培，同时强调了自己在考勤上的做法完全是执行公司的决定，请同事谅解自己。接着，小姚又举了其他公司考勤制度的例子，有理有据地说明了考勤制度的作用和目的，还强调了公司的考勤制度是为了强化公司管理。最后，小姚提出了自己对于考勤制度的见解，希望老板能够考虑到实际情况，从关心员工的角度出发，本着人性化管理的原则，将考勤制度进行改革。当然说这些观点的时候，小姚没有忘记给老板戴上关心员工的高帽子，没有忘记找那些老板最喜欢听的话来说。在那样一种情况下，当着全体员工的面，老板被小姚表扬得十分受用，而且小姚提出的方案又十分符合实际，只是将上班五分钟以内作为迟到的缓冲区，过了五分钟依然算迟到。这样对于公司来说没有什么大的损失，而对员工来说也是一种人性化管理的标准，这样的要求老板一口答应了下来。通过这次聚会，小姚不仅化解了同事平时对自己的不满，而且还挺身而出为大家争取福利，马上就赢得了大家的支持。而老板那里，觉得小姚在聚会上的一番话说出了自己这一年来的成就，而且还给了自己一个向员工示好的机会，心里也十分高兴，对小姚的工作也很满意。

就这样，小姚通过年终聚会解决了自己工作上的问题，还为同事争取了实惠，工作上自然就得到了大家的支持。这一次的年终总结报告的收集工作，比任何时候都顺利，而且大家对小姚的态度也比过去好了很多。

工作中到处充满问题，也到处充满解决问题的办法。如果能够和小姚一样，抓住合适的机会，通过精心的准备，即使是一顿饭，也会让自己找到拉近同事关系的好时机，关键就在于自己是怎么把握机会的。如果你还在为自己的工作烦恼，不妨向小姚学习，通过自身的实际努力，找到解决问题的最好办法。

第八章

第一时间成为优秀的MVP

一名优秀的员工,总是会受到大家的尊重,即使是老板,也会对优秀的员工另眼相看。这是因为,优秀的员工身上,有许多值得人尊敬的东西:他们一直都在积极地投入,一直在全身心地工作,他们服从领导的决定,在工作中不计较得失,不害怕困难,积极采取行动,高效率地完成任务,并将这种精神渗透到每一项工作任务中去。他们有团队意识,肯为团队着想,而且注重个人形象,维护公司声誉。所以他们有比别人好的成绩,有比别人高的地位和荣誉。

相信职场中每个希望自己有所成就的人,都希望自己成为一名优秀员工,通过自己的努力,在职场上获得别人的认可。但是,成为优秀员工究竟需要具备什么条件,需要付出怎样的努力呢?自己是否具备了这样的条件,距离优秀员工还有多远呢?公司需要什么样的员工,自己如何成为老板眼中受欢迎的人呢?自己平时又该如何表现自己,抓住机会,让老板刮目相看呢?还有,自己又该怎么破解工作中的加薪难题,提高自己的工作效率,最终成为老板眼中的优秀员工呢?

自己具备升职的条件吗？

究竟什么样的员工才受欢迎，什么样的人才能够成为公司最需要的员工呢？也许这正是很多职场人寻找了很久也没找到答案的问题。其实解决这个问题很简单，如果你能够与老板换位思考问题，很容易就可以找到问题的关键了。无论你从事的是销售、市场、客服、物流、行政、人事工作，还是财务、技术、管理工作，都要明白公司对这个工作岗位的具体要求是什么，这样才会具有针对性地开展自己的工作。要成为公司的中流砥柱，不仅仅要有过人的专业技能，更要明白公司最需要的是什么。公司小的时候一般都是在"能做什么"阶段，等到公司发展到了一定的规模，公司就会考虑"不能做什么"这个问题。

个人职业生涯也是如此。一个人如果要成为公司中受欢迎的人，成为公司目标人，首先就要明白公司的目标是什么，这样才可以有的放矢地向着这个方向努力。一定要在刚开始的时候就明白自己能做什么样的工作，自己能够在哪一个行业发展，然后再向这个方向前进。当自己积累了一定的经验之后，就要明确自己的职业发展方向和进度了。要知道公司需要什么样的人，自己才会成为那样的人。

小牛已经在职场打拼十多年了，这十多年时间里，小牛从无到有，从一个只是给客户送货的跑腿小角色逐渐成长为了公司的网络管理员，收获还可以。然而事业似乎就此止步，好几年了，还是老样子，虽然工作很努力，可是就是不知道自己为什么不能升职。看着同事和自己其实差不多，可是人家就是比自己早一步被认可，这究竟是为什么呢？想来想去，小牛决定向舅舅倒一倒肚子里的苦水。舅舅是销售公司的经理，工作很出色，虽然工作很忙，可每天依然很高兴的样子，好像是个什么事都没有的轻松人一样，而且是公司里最受欢迎的人，无论是领导还是下属，都很喜欢他。这究竟是什么原因呢？

听了小牛的问题，舅舅笑着说："十年前，你什么都没有，工资不高，没有客户关系，没有业绩，处于被公司解雇的边缘，但是你有方向，坚持下来了。可现在的你和那时相比条件好了很多，为什么现在却更加迷茫了呢？其实，是你自己忽略了很多问题，对于自己没有一个定位，所以才不能成为公司最需要的人，当然也就没有升职的资本了。曾经有个知名企业的CEO这样说："公司小的时候是销售主导公司，这时只看人情不看数字；而公司大的时候是财务主导公司，这时只看数字不看人情。"公司在发展初期，由于运营成本低，只要有订单就可以生存下去，对于客户也没有特别的条件要求，只要别人肯和自己做生意就行，只要有钱赚就行。这时，公司内订单压倒一切，客户的需求占据了第一位，所以当然要顾及人情。而等到公司发展壮大之后，一切都必须规范化，这样才会避免那些不必要的风险，所以运营成本也开始变高。这时，利润率也必须提高才能把有限的资金放到最有产出的地方。对于上市公司来说，股东的要求压倒一切，只有把业绩拿出来才最具有说服力，如果拿不出来，股东就会抛售股票，这个时候就是数字压倒一切。很多书都在讲什么样的人才受公司的欢迎，什么样的人能够成为公司的优秀员工，什么样的方式才会让自己快速得到公司的认可。其实我认为，一个人如果真的想成为公司的好员工，想成为公司中受欢迎的人，那么就要做到以下几点：

"第一，明确公司业务范围，找到自己在公司生存的支撑点。这也是最基本的，只有做好了这一点，你才有可能生存下去。不过这一点你已经做到了，而且还做得不错。

"第二，当有了一定的工作经验之后，就要明白公司是朝着哪个方向发展的，公司的前景是什么，公司希望将来成为什么样的公司，换句话说，也就是公司本身的目标是什么。了解到这一点之后，就要努力向这一点靠近，也就是说，要不断地自我完善和学习，向着公司的目标前进。如果你想在一个公司里长期发展下去的话，这一点就十分重要。

"第三，尽快融入公司的企业文化当中。了解了公司的发展脉络，更要掌握公司的发展特色，也就是公司以什么样的方式发展，在发展的过程中需要你用什么样的工作方式工作。是踏实肯干还是左右逢源，这都要考虑，这也就是在掌握公司的"风气"，只有适应了公司的大环境，才会在工作中找到乐趣和机会。

"第四，做人做事要讲究，无论是什么时候，都要有原则。不管工作上出现了什么困难，都要有原则地去应对，而不是不择手段。不择手段的后果往往会让自己最终倒霉。

"第五，还有最重要的一点，成为升职员工，不仅仅是工作上出色，生活上也要出色。试想，一个只知道工作而不知道生活的人，他怎么能够快乐？而一个不快乐的人，怎么能够全身心地投入到工作中呢？首先要明白我们是因为生活而工作，不是因为工作而生活，生活才是最要紧的，我们每天辛苦地工作只是生活中的一部分。生活的每个方面都是相互影响的，假若一个人生活本身就是一团乱麻，那么他的工作也不会顺利。所以要有娱乐、要有社交、要锻炼身体，要有和睦的家庭，更要有开心的生活。

"如果你能够做到这些的话，我想你也能够和我一样，成为公司中最受欢迎的员工的。"

舅舅说完，鼓励地看着小牛，这让小牛感受到了一股力量。接下来的日子里，小牛按照舅舅说的那样，努力工作，终于在一年后成为了公司员工评选中的优胜者，而且还获得了更好的发展机会。

如果你现在和小牛一样为工作而烦恼，那么你就应该考虑一下自己是否也犯了和小牛相同的毛病。一个人要想在职场中干得不错，就需要明晰职场中的各种关系，明了自己在职场中的地位和作用，并且努力完善自己，成为适合职场发展的人，只有这样，才会逐渐成为职场中受欢迎的人，成为公司需要的人，成为职场生活的胜利者。

抓住凸显自己的机会

在职场里待久了，有没有这样的感受：看到机会来了，却总是抓不住。每次看到机会从自己的身边溜走，心里都会有些失落。尤其是看到那些和自己差不多的人却比自己幸运地抓住了机会，并且从此改变了职场道路的发展方向，自己的心里更是酸楚万分。没错，这也是很多职场人容易犯的毛病，总是抓不住稍纵即逝的机会。可一旦这样的事发生在了自己的身上时，究竟该怎么办呢？

丁一在公司里工作已经5年了，对于公司的业务也是了如指掌，个人的能力也说得过去，可就是没有机会升职。如果是所有的人都没有机会也就算了，可是丁一看见自己身边的人一个个地都有了新的职位，而自己依然是老样子，心里不禁有些难过，不知道究竟是什么原因，总是和机会擦肩而过。后来，丁一觉得是自己的表现还不够，于是开始抓住每个机会表现自己，无论是部门会议还是公司的大小活动，丁一都不遗余力地表现，就是希望通过这些表现让领导对自己有个好印象，能够有个好机会。

这一天，是公司的周年庆典，丁一恰好和自己的经理坐得很近，于是聊起了关于工作的事。丁一很婉转地表达了自己的想法，也就是为什么自己总不能升职。没想到经理听了丁一的话后却笑了起来，对丁一说："其实我知道你的心思，也知道你想问什么。实话告诉你吧，这几次人员变动不是没有考虑过你，可是总觉得你还有所欠缺，好像没有哪一方面特别突出，或者说你没有做一件让大家都信服的事。虽然你在很多事情上都很积极，也很主动，希望好好表现，但是总是让人觉得表现得有些过火了，让人感觉不舒服。有点像电视剧《士兵突击》中的那个成才，总是到处表现自己，总是想抓住每一个机会来凸显自己，这当然没错，可是如果过火了就会适得其反，也就会像成才一样，最终还是得不到大家的认可。

"还有，你对一些小事总是抱着差不多、凑合的态度，这也不是一个上司的工作态度。要知道，工作之中无小事，任何大事都是由小事构成的，如果你总想着在那些大事上做文章，从而忽略了小事和细节，那么就不会有最好的成绩。你可以拿自己和那些已经升职的人作个比较，虽然他们没有你进公司的时间久，但是每个人都是注重细节重视每个环节的人，而且他们每个人都有一定的特点，这些也正是你不具备的。我给你讲个故事：有个售货员卖出去的商品总要比其他售货员多很多，而且很多客人都特别喜欢他，甚至就专门找他买东西。原来，这个售货员特别注重细节。比如，客人要买一斤的糖果，他就先拿八两多，然后再一粒一粒地添加，直至足秤为止。不像其他的营业员，先拿很多，然后再往下拿。显然，他这种做法更加让人感到舒服。所以说啊，你还是应该好好想想，究竟应该怎么表现自己，究竟应该怎么处理好工作的每个环节，然后你就会得到机会的。"

正像故事中的那个经理所说的那样，一个人的成功很多时候需要好好想想，需要通过很多小事来完成。我们都听说过"细节决定成败"这个道理，的确不错，在职场上，一个小小的细节，可能就会给自己带来巨大的收获，因为事情都是由细节构成的，无论多么伟大的事，也都是靠做好每一个细节来完成的。如果你在职场上总觉得自己不得志，总是觉得自己没有表现的机会，那么可以像下面故事中的主人公一样，通过细节来表现自己，通过细节来抓住凸显自己的机会，通过细节将自己的职场之路走得更加顺畅。

杨默是个刚刚参加工作的姑娘，在大学中，杨默学的是管理专业，于是就找了个秘书的工作，希望通过锻炼得到提升。然而，实际工作却和杨默想象的相差很远，本来以为可以通过秘书工作学到很多管理方面的知识，可杨默每天的工作内容却只是给领导送送报纸、跑跑腿。这样的工作虽然让杨默有些失望，但是她依然认真地做着每一件事。

这一天，老板病了，在医院打点滴，让杨默给他送报纸过去。接到老板的指示，杨默立刻将老板每天要看的报纸都整理好，还带了纸和笔。虽然老板没有交代这些，但是杨默知道老板有随手写东西的习惯。接着，杨默还到传达室取了当天的邮件，然后又准备了茶水来到了医院。见到老板，杨默把这些东西一一递给老板，当老板看到那封邮件时，脸上不由得兴奋起来。原来，这封邮件是一份很重要的合同，多亏杨默给带来了，要不然还要耽误大事呢。于是老板就在医院里办公，用杨默带来的纸和笔回复了邮件，还写了很多和工作有关的事。心里不禁对自己这个秘书感到满意，觉得自己这个秘书能够把这些细节都想到，说明是个很有心的人，还特别表示了谢意。

从那以后，老板对杨默办事十分放心，很多重要的事都让杨默去办，而且还经常带杨默参加一些很重要的活动。通过这些活动，杨默不仅增长了见识，还从老板身上学到了很多管理方面的知识。经过了一年多的努力，杨默终于对管理有了一定的认识，加之自己原来的专业知识，她被提升为了部门经理，深得老板的赏识。

谁说小事不能体现一个人的能力，谁说只有大事才会让人一展才华？也许那些看起来轰轰烈烈的大事的确可以让人感到更大的成就感，但是很多时候，并不是所有的人都能有机会做一件大事来展示自己，相反，工作中很多小事则更容易让人抓住机会表现自己的与众不同。就像故事中的杨默一样，没有大事的时候，先把小事做好，抓住细节，让自己在细节上体现出特别之处，这一样是凸显自己的好机会，一样会给自己带来意想不到的收获，一样是优秀员工不可缺少的要素，一样会让自己在职场上得到老板的认可。

让学习补充自己

学习是一种能力，也是一种精神。学习是一个人迈向成功的最好的捷径。如果说这个世界上还有什么可以让自己快速成功的灵丹妙药的话，那么可能非学习莫属了。一个人只有通过不断的学习才会取得长足的进步，只有通过努力的学习才会弥补自身的不足，只有通过持续的学习才会让自己最终走向成功。无论哪个行业，也无论你从事的是什么职位，即使你本身就是一个公司的最高领导，学习都是必不可少的，更不用说一个普通的职员了。

赵杰是一个海鲜餐馆的老板，他现在拥有5家连锁店，每天的收入就可以达到几万块。即使是在广州这个以钱多而著称的城市，赵杰的收入也是很可观的。可是赵杰能有今天的成绩，并不是一帆风顺的，很多年前，他也经历了一些人生的不如意。

那时候赵杰24岁，大学刚毕业，在一个学校当老师。在二十多年前，那个工作是很多人都羡慕的"铁饭碗"，是个旱涝保收的职业。然而，兢兢业业工作的赵杰在教学两年后发现，自己其实不适合做这个工作。他毅然辞职南下广州，做了一名餐馆的服务生。在餐馆工作了半年之后，赵杰开始计划自己的未来，他不想一辈子给别人干，希望能够有自己的事业。于是他选择了餐饮行业，不仅仅是因为自己在这个行业里工作，而是因为他看到了餐饮业的前途和潜力。

在仔细考虑之后，赵杰拿出了自己所有的积蓄和向家里借来的钱，一共是两万元，这对于赵杰来说，真是笔"巨款"。于是他就用这笔"巨款"开始了自己的第一次奋斗。经过考察，赵杰选了一个地段相对较好而租金相对便宜的地方，开始经营自己的家乡菜。可是广东人对于外地的饮食似乎并不感兴趣，两个月过去了，赵杰的餐馆经营惨淡，几乎没有什么生意。眼看自己的两万块钱就要化为乌有，赵杰着急又上火，千方百计地寻找出路。

经过多方考察，赵杰终于明白了自己的餐馆不能赢利的重要原因，原来，自己根本不了解广东人的饮食文化，虽然自己在经营上是一流的，但在专业技能方面还有很大的欠缺。于是，赵杰开始去各种培训班学习，还到那些效益好的餐馆做厨师助手。经过半年多的学习，加之原来自身的功底，赵杰已经掌握了很多粤菜制作技巧。于是，赵杰重新开张，并把经营的方向定在了广东人喜欢的美食上面，同时，他还将自己家乡菜的制作特点融入粤菜当中，很快就吸引了大批的食客，生意也越做越好。但赵杰并没有因此而止步，而是继续学习，只要有机会，他就参加各种餐饮类的培训，并争取机会向那些名师学习。就这样，在赵杰不断地学习和努力下，他的餐馆越开越大，已经成为了当地有名的连锁企业，赵杰也因此实现了自己当初下海经商的梦想。

如果说赵杰的成功是和学习分不开的话，那么职场上，我们每个人都应该做到这一点，通过不断的学习来完善自己，通过不断的学习来强化自己，通过不断的学习来造就自己。在任何一个行业，学习是永远都不会过时的话题，没有学习就没有进步，没有学习就没有提高，没有学习就没有成功。古今中外，大凡有些成就的人，没有哪一个不是通过不断的学习来获得最终的胜利的。如果说有某一个人哪一天成功了，成名了，那么他的背后总会有许许多多刻苦努力不断学习的日子，有许许多多不为人知的付出和艰辛。只有学习，才是成为优秀员工的捷径。

陈亮是一个文化公司的编辑，每天的工作就是为客户撰写方案。在这个行业里已经干了十多年，陈亮已经成为了"元老级"的人物。对于各种方案，都已经了如指掌，根本不用费什么心思就可以大笔一挥，一蹴而就。然而，就在陈亮工作了十一年后，公司里来了个新人，一个刚刚大学毕业的女孩小维。小维是一所普通学校的专科生，学中文的。刚刚来到公司，对于业务什么都不了解，什么都不会，还经常出笑话。然而这个小维十分好学，嘴巴又甜，人也勤快，很快就赢得了大家的好感，她有什么问题问大家，每个人都愿意告诉她。于是，一个月后，小维已经从刚进公司时的一无所知变得有信心有胆识了，甚至开始尝试自己创作相关方案了，虽然她的方案还有很多不足的地方，但是对于一个刚刚毕业一个月的人来说，已经很不错了。得到了大家肯定的小维更加努力学习了，几个月就成为了公司的文案主笔，开始与陈亮平起平坐了。对于这样一个事实，陈亮开始感觉有些不平衡，凭什么一个新人就和自己的待遇一样，自己工作了十多年才有了今天的地位。

陈亮的不满很快就被经理发现了，经理找到陈亮，和他谈心。看到陈亮一脸的不理解，经理告诉他："小维能有今天的待遇，完全是她自己努力学习的结果。虽然她来公司没多久，但是她的文案写得非常棒，客户评价都很高。虽说你来公司十多年了，但是平时疏于学习，很多新的观点你都不太了解，而小维恰恰弥补了你这方面的不足。所以我给小维现在的待遇，希望你能够理解。"

经理的一番话让陈亮豁然开朗，原来自己只是原地踏步，没有向前的动力和行动，当然会被人追赶上，如果现在还不醒悟，将来就会被人超过。想到这里，陈亮开始计划自己的学习方案了。他开始详细地了解自己这个行业的形势，然后找到发展的趋势，又结合自身的特点和不足，开始针对性地学习新的思想和写作方法。一段时间之后，陈亮的写作水平得到了很大提高，客户对他的写作也越来越满意，很快就被提升为部门经理了。通过这个事件，陈亮终于明白了，一个人，无论你已经取得了什么样的地位，都必须不断地学习，否则你的一切将会被人赶超过去,而只有学习,才会让自己的工作能力不断提升,才会让自己不断进步,最终成为优秀员工。

其实职场就是这样,一个人如果和陈亮一样,只想吃老本,是不会有进步的,也许还会被其他人赶超,甚至会失去现在的机会和拥有的一切。"学如逆水行舟,不进则退"说的就是这个道理。职场就是这么残酷,人生就是这么现实。一个人如果没有作好不断学习的准备,奉劝你还是不要进入职场的好,那样只会让自己举步维艰。只有那些愿意不断学习和进步的人,才会成为职场上的精英,才会获得更好的发展机会。

工作效率该怎么提高

工作效率是评定工作能力的重要指标,员工的工作效率高,就会为企业带来更高利润,当然,企业会给予工资、地位的提升。因此,提高工作效率不仅是社会对我们的要求,更是我们实现自身价值的重要途径。

是不是觉得自己的工作一天到晚都忙不完?即使每天都花费很多时间来加班,手头上依然有一大堆要做的事情?是否在抱怨工作没完没了,从而失去了自己的私人时间?但是你有没有想过,为什么自己会是这个样子?为什么办公室的其他人都没有和自己一样,因为工作没完成而不得不加班呢?其实,很多时候,这种情况往往是由于自己的工作效率问题而产生的。为了在工作和私人生活之间保持一种健康的平衡,一定要学会在工作时保持高效率,如果做不到这点,就会精力不济、创造力低下,最终危及健康。

小云工作一年了,经常会抱怨工作任务多,没有时间学习。由于总是加班，身体也没有以前好了，经常感冒。可有个问题小云怎么也想不明白，为什么同事都不像自己这样忙，别人都可以正常下班，而自己总是要加班才能完成工作。时间长了，大家还以为小云加班是为了要在领导面前表现自己，这让她很苦恼。有一次，小云很真诚地向一位老员工请教：为什么自己总是做不完工作。老员工知道了小云的想法之后，对小云提出了几个要求：

1. 检查自己是否浪费了时间。看自己是否有时间概念，对自己的工作时间有没有具体的安排，是否清楚自己的时间到底是怎么损失的，弄明白自己所花费的时间是否合理。搞明白了之后，尽量节约时间。

2. 看自己是否存在没必要的工作环节。拿到一项领导交代的任务，要给自己制订计划，按步骤完成。

3. 是不是自己能力不够，所以才造成了工作的重复。如果是，就努力学习工作知识，多向别人请教。

4. 是不是自己容易受到外界的干扰，听到别人说话聊天就分了心。这样的话就把自己的办公桌转换一下位置，或者用那些绿植搭起一个屏障，尽量控制自己不受影响。

5. 面对复杂任务时无从下手，耽误了很多时间。这样的话，可以先将任务分成几部分，先做最重要的，然后一步步完成。

6. 电脑里面的文件管理得杂乱无章，信息查找很困难，从而造成大量人力和时间的浪费。订阅了很多没必要的电子杂志，总是把私人信件和工作信件弄混。可以把文件按类分管，建立不同类别的文件夹，用的时候就会简单明了。

听了老员工的建议，小云认真检查自己，果然发现了很多毛病，和那个老员工说的几乎一样。于是小云就按照老员工提供的办法进行改进，果然大见成效，再也不用为了完不成工作而加班了，心情也好多了。有了时间做自己的事，小云参加了一个健身俱乐部，身体也变得健康了。

小云的错误也是很多职场新人常犯的毛病，因为工作经验不足，能力稍显不够，没有时间观念，没有适合的自我管理方法等诸多原因，从而不能很好地提高工作效率，最终造成了自身的困惑，自然也就没有了更好的发展机会。面对这样的问题，如果不能及时解决，就会给自己的工作带来很多麻烦，阻碍自己成为优秀员工。但是，工作中又该如何解决这些问题呢？有专家对此总结了几条经验，可以在实际工作中一试。

1．保持昂扬的工作激情。工作激情决定了工作态度，工作态度决定了工作效率，而工作效率则决定了工作成绩。所以说，提高和保持工作激情是提高工作效率的前提。

2．正确选择工作方向。工作方向就是工作目标或工作目的，是一切工作的源头和指导，一旦选错了工作方向，工作效率将无从谈起。

3．选用科学的工作方法。一个问题可能会有不同的解决方法，就像我们上学时所做的数学题一样，但是只有那个最简单、最有效的方法才是最好的、最科学的。事半功倍，说的就是这个道理。

4．选择工具，与人合作。"工欲善其事，必先利其器"，选择好的工具能事半功倍，而很多工作都需要借助外力才能完成。例如，一台性能强大的电脑可以使你更快地进行网页搜索或是同时运行多个应用程序。同时，工作是一个集体项目，愉快的合作才能提高效率。

5．学会劳逸结合、有张有弛，工作才会变得轻松。工作中，劳逸结合是很重要的，如果为工作操劳过度，不仅会影响工作效率，还会影响身体的健康。

6．不要在工作时间干私事。一些员工放任自己，在工作时间为私人事务分心。如果将很多时间用于与工作无关的事情，那么晚上要加班就是不可避免的。

7．利用自动化手段。充分利用办公自动化设备来完成工作任务，这样会减少手工操作，从而获得更多的时间。

8．合理安排工作空间。避免桌面混乱，东西找不到，每天下班前整理好自己的东西，把文件和样品分开，处理完的文件或样品归档或归位，把桌子归位。

9. 形成良好的工作习惯。良好的工作习惯，会对工作产生积极的促进作用，从而提高工作效率。比如说，今日事，今日毕；还有，每天都以计划开始，建立工作列表，随时记下要做的工作，弄清楚哪些工作是今天必须完成的，哪些工作是今后几天内再完成的，所有事情一目了然，可以精确地找到需要优先处理的问题，既减少记忆，又避免遗忘，能快速着手工作，有效利用琐碎时间；还有，下班一小时前才将私人电话铃声调响。这样做既可以保证你在正常工作时能够专心致志处理事务，又能够提高工作效率。

其实，提高工作效率并不难，只要自己平时多注意改正不良的工作习惯，很快就会从低效率的工作中走出来，让自己逐渐成为一个高效率的优秀员工。

这样让老板刮目相看

也许我们不能一步就做到让老板刮目相看，但老板对你刮目相看的确是通过你一步步的积累才形成的。比如说，就算不能第一个到办公室也不要姗姗来迟；每天早上如果你能比其他同事都早到，即使只是查查自己的电子邮件或者整理一下办公桌，都会让人感觉到你端正的工作态度；下班的时候，不要时间一到就丢下工作扬长而去；加班越是疲倦的时候就越要打起精神，展示自己的工作风貌……尤其是在反映问题和提建议时也是让老板发现你的好时机，自然、真诚是最佳的出发点，当然你所提的建议才是最终的关键。建议要深思熟虑，要对公司有好处，当然也不能损害员工的利益。

小孙是一件家旅行社的业务部主任，手下有六个业务员。由于公司实行改革，提成方式也改变了，根据每个项目任务量来提成。先制定一个标准，超过这个标准的予以奖励，不到这个标准的，则将提成按比例扣发，工资也是一样。虽然大家对新制度心里都没有底，但是凡事总有第一步。于是每个人都努力工作，每天都认真对待。然而，事情就是这么不凑巧，本来通过努力眼看着任务就要完成了，而且还有两个人已经超额完成了，可是"非典"来了。这一下可糟糕了，整个旅游业都受到了影响，尤其是小孙所在的北京，影响更大。很多已经签了合同的客户，现在也纷纷解约了。没办法，大家只能眼睁睁地看着即将到手的提成付诸东流。到了月底，发工资的日子到了。按照新制度，整个办公室只有小孙一人超额完成了任务，可以拿到比平时高两倍的提成。其他人都没有完成任务，其中还有两个人十分惨，只完成了任务的五分之一。这样的话，这两个人不仅提成少得可怜，就是工资也少得几乎没有了。

　　看着大家垂头丧气的样子，小孙在心里作了个决定，把实际情况汇报给老板之后说："我觉得现在是情况特殊，大家没有完成任务也是客观原因造成的。而且最近一段时间，大家工作都很努力，这一点我绝对可以保证。可这次成绩这么差，如果按照新制度的话，好几个人连生活费都没有了，这样做也许会让大家感到失望，甚至出现人员流动。我想，是不是可以还按照原来的提成办法，等整个业界的情况好转了再实行新制度？"听小孙这么说，老板问他："可这样一来，你的损失就大了，你拿到的钱可就比现在少二分之一呢？"看到老板这么说，小孙笑着回答："那有什么，毕竟大家能够安心工作才是最重要的。"

　　就这样，小孙的建议被老板接受了，而且老板也对小孙为公司着想、为大家着想的态度十分赞赏，还额外给小孙发了奖金。

　　抓住和老板沟通的机会，是展示自己的最重要的途径之一。在交流中，不但可以让老板了解你的能力，还可以看到你工作以外的东西，这些都是你的工作成绩所体现不出来的。虽然大部分职员认为和老板沟通不是件容易的事，这也正显示出了与老板沟通的重要和特别，如果利用好了，就会是你工作上的有力助手。

可能有人认为，和老板沟通的门虽然是开着的，但那是形式上的。自己人微言轻，即使有想法，也不一定会得到认同，可能说了也白说，让人白费力气。其实不然。经过沟通，即使自己的建议没有得到实行，但毕竟表现出了自己的愿望和对公司的态度是好的，也许自己的能力不行，但态度绝对行。而我们常说"态度决定一切"，老板也是这么想的。那么就像下面故事中的小汤一样，让自己的工作态度充分地表现出来，有什么不好呢？

小汤是一家广告公司的业务员，由于工作认真负责，被领导提拔成了小组负责人。虽说这个官不大，而且也没有什么好处，反而还要多受累、多付出，每天多做一些额外的工作。但是小汤并没有觉得不好，反而觉得这是领导对自己的看重，是给自己的机会。于是小汤每天都加班处理那些琐碎的报表，填写详细的工作日志。就这样过了三个月，业务部的其他同事对小汤的认真负责也比较佩服，而且小汤平时业务就不错，只要同事有什么难题，他都主动帮助。

过了一段时间，业务部的领导突然辞职了，要知道，业务部的领导可是公司的骨干，而且还是元老，待遇当然更不用说了，是整个业界数一数二的，而且老板又出差不在国内。于是开始有传言说是公司出了问题，有了内部纷争。也有的说，公司最近不景气，可能没什么发展前途了。总之，一时间流言四起，公司中很多人都感到朝不保夕，担心自己的工作不一定哪一天就失去了。整个公司人心惶惶，很多人都没了工作的心思。

业务部也是一样，而且受到的影响最严重。毕竟是自己部门的领导辞职了，而且领导平时对大家都很好，人品也不错，这么突然就走了，也许正像别人说的那样，有"不可告人的秘密"。那几天，整个业务部都听不到打电话的声音。看到这种情况，小汤临时做起了大家的领导，利用自己小组长的身份给大家安排了目前最急切的工作。因为不久后就要举办一个活动，那个活动对于公司来说很重要。于是小汤对大家说：

"领导走了自然有他自己的原因，我们没有必要因为一个人的离开而产生稀奇古怪的想法，如果真像别人说的那样，公司不行了，那怎么会没有一点迹象呢？这几个月的业务成绩大家都知道，比以前都好，而且大家的奖金也比以前都多，老板对大家的态度也比以前都和蔼，这怎么是'不行'的样子呢？不要觉得公司中的骨干走了就没了主心骨，每个人有每个人的发展，其他人有了更好的出路是别人的事。我们既然没走，就应该做出点样子来给别人看，让那些信心不足的人知道，我们是有能力的。"

听了小汤的话，大家也觉得有道理，如果自己不努力工作，可能真的就会像传言说的那样，公司很快就会支撑不下去的。于是大家在小汤的带领下开始努力工作，没多久，就完成了那个活动的任务，而且还签了几个比较大的合同。公司业务部是公司最重要的部门之一，业务部的好成绩让公司的员工都放心了，毕竟有了钱，公司就会稳定发展的。于是，一场动荡就这样被平息了。老板出差回来后，知道了事情的真相，将小汤提升为了业务部的经理。

老板也是常人，不太可能了解到每一个下属的想法和工作态度，老板还要面临公司长期和短期的发展目标，更要承受来自外界和公司内部之间的压力。作为下属，主动和老板沟通、主动表现自己绝对是体现个人的好方法，也是成为优秀员工的好方法。

破解加薪密码

工作了很久，为公司完成了很多任务，自己的能力也得到了领导肯定，可是除了领导的肯定之外，工资却一直没变，和当初进公司的时候一个样子。虽然自己十分期待加薪，十分需要更多的薪水来体现自己的价值，需要更多的薪水来还银行里的高额贷款，需要更多的薪水为自己的亲人提高生活质量，可是领导就是没有动静，这个时候，自己该怎么办呢？直接找领导去表达，又害怕自己在领导心目中好员工的形象毁于一旦，担心自己的优秀员工质量有所改变；可不去要求吧，自己的确又觉得有些亏了，尤其是在看到后进公司的人工资随行就市地比自己高出了很多，心里更是难受了。真是不知道该进该退，也不知道自己该如何不影响自己的形象，又可以从老板的口袋中多拿出一部分钞票当做自己的薪水。

小郑在公司做工程师已经5年了。5年前，小郑刚来公司的时候，工资是4 000块，按当时的水平来说，还算不错，属于中上等。可时过境迁，如今相同的岗位，即使是新毕业的大学生，工资也要4 000块以上了，而小郑依然还是4 000块。虽然小郑很努力工作，而且工作成绩也让领导十分满意，可工资就是不见涨。看着身边的人有的跳槽了，有的升职了，都不像自己这样还是老样子，小郑不禁有些着急，凭自己的实力，工资至少要翻倍了。小郑也想过要跳槽，可是又不愿意换新环境，而且小郑觉得老板对自己十分好，如果出去的话，也许很难遇到这么随和的人了。可是老板总不给自己涨工资，这也让小郑十分头疼，工作的积极性也慢慢地开始有所变化了。

小郑和同学聚会时说起了工资的事，一个同学对他说："我最近刚刚加薪，正好和你分享一下我的经验。首先，你要正确评估自己的价值。一旦你打定主意准备向上司提出加薪要求时，一定要先对自己在单位的资历、地位、成就等作出正确的评估。比如说你要知道自己在上司心中的分量重不重，是否出色地完成了一些重要的项目，以及这些项目为单位带来了什么样的利润，你将来还会为单位作出什么样的贡献，假如你离开了，单位是否会出现一定的损失等等，总之就是你对自己要有一个正确的估计，看自己到底值不值得领导加薪。这样就会有的放矢，既不会让老板为难，也能让他知道给你加薪是有道理和价值的。

"其次，要找准时机，这一点很重要。当一个人沉浸在轻松愉快的气氛中时，就容易接受那些适当的要求。所以，你可以选择由于自身努力或者单位业绩增长而形成的快乐氛围中，向领导提出加薪要求，他就会慎重考虑。还有，如果你身边的人都不同程度地加了薪，这个时候你适时捅破加薪这张纸，上司一般也会欣然接受。所以，加薪是以既不让上司反感又能让腰包变鼓为前提的。

"第三，要讲究方法，这一点才是关键。任何事情都要讲求得当的方法，这样才能事半功倍，在加薪这件事上，也是一样。提出加薪要求其实是把双刃剑，如果方法不当，不但不能如愿，也许还会弄巧成拙，甚至被炒鱿鱼，或者就算没有被扫地出门，今后领导也会另眼相看。如果没有更好的出路，切忌采取跳槽等威胁手段。我总结了很多方法，你可以试试。

"1. 旁敲侧击，一举两得。可以使用一些比较模糊的字眼说明自己的成绩，如果加薪要求被拒，还可以礼貌地请上司指出哪些方面做得还不够，让上司更加了解自己，对自己产生信任，还可得到上司的建议，找到自己发展的方向。

"2. 运用'提醒'的方式。我有个同事，刚进公司的时候，每到发工资时总爱向大家打听个人的工资情况，但大家都对这件事三缄其口，后来他逐渐明白每个职员的工资是不一样的。有一次，他无意间发现自己的工资连续好几个月比同样职位的同事少了几百块，于是他就找机会对上司说：'实在不好意思，有一件事我一直没弄清楚，我发现这几个月工资比同事少了几百，是不是我的正式聘用的相关手续还没有办妥？'其实他已经知道人事部门办好了手续，只是用这种方法'提醒'上司。当时上司并没有什么特别的反应，而是郑重地说要过问一下。第二天就正式通他知说：'真是不好意思，其实工资早几个月就应该加上去了，只是财务上一时没办好手续，以后有什么事如果忘了可以提醒一下，切忌有什么顾虑。'所以，一定要把握好火候和技巧，见机行事。

"3. 间接提出要求。如果自己不经常直接和上司打交道，可以通过那些经常和上司打交道的人来表达自己的意思，比如说部门经理，还有上司身边那些比较亲近的人，通过他们转达自己的加薪要求有时比直接开口效果更好。当然一定要注意选择人选，这个人既能替自己传话，又比较了解自己，同时也愿意做这样的事，而且会在上司那里把自己的意思婉转而圆满地表达出来，避免和上司直接面对面，对自己和上司来说都会避免尴尬发生。

"4. 找领导直接说。如果你的上司是一个喜欢直接的人，是一个爽快的人，可以直接找到他，把自己的要求说出来，这样反而对自己有利。一个精明的上司有时对这样"敢为天下先"的人反而会另眼相看，和上司开诚布公地谈加薪，即使没有达成愿望，但至少可以让上司注意到自己所做的那些工作。

"5. 假意跳槽。这招的前提是，自己一定是不可或缺的人才，否则十分危险。而且还要作好准备，找好退路，一旦加薪不成，自己要有进退两可的方案才行，否则将会使自己处于被动，反而会影响工作。"

听了同学的建议之后，小郑觉得自己应该找领导好好谈谈，把自己的实际情况和行业标准说清楚。于是，小郑经过精心准备，将自己的想法和领导说了，没想到领导很痛快地答应了加薪，还对小郑说自己忽略了这方面，以后如果有什么要求一定要提出来。

关于加薪，是每个职场人都有可能面临的问题，如果目前的公司不值得自己继续做下去也就罢了，如果还有待下去的希望，还想在公司中继续发展，而同时还有更好的薪水，那就一定要及时提出来，用最适合的方法为自己解决这最关键的问题。毕竟，优秀员工的重要标志之一就是有比别人高的薪水，即使不比别人高，也不应该比别人低才是。

团队永远在个人之上

我们小时候都见过蚂蚁搬东西,每一只小蚂蚁都向一个方向努力,最后将一个超过自己力量范围许多倍的东西运到蚁穴,这就是一种团队的精神。不但适用于蚂蚁搬东西,同时也适用于在职场上打拼的每一个人。这是因为,一个团队的力量总是大于个人力量之和,团队的力量是巨大的,有很多事情必须同时属于团队的每一个成员,必须靠团队里每一个成员相互协作、共同努力才能完成。任何时候,团队的力量都在个人之上,很多事情只有通过团队的努力才会完成,即使是个人的价值体现,也要通过团队的力量来实现,就以大雁南迁为例:

大雁很聪明,每当秋天来临的时候,都要向南迁徙。在大雁万里南飞的时候,所结成的"人"字形的鸟队,其实是一种非常科学的队形。每只大雁在飞行中拍动翅膀,为跟随其后的同伴创造有利的上升气流,这种团队合作的成果,使集体飞行的效率增加了70%。大家轮流领头,任何一只掉队,都会拼命赶上队伍;任何一只受伤,都会有两只雁留下来陪护,直至赶上南飞的队伍。大家互相照顾着前进,队形后边的大雁不断发出鸣叫,目的是给前方的伙伴打气鼓劲。大雁们明确的分工、共同的目标和彼此之间的密切配合,组成了一支"不怕万里远征难"的坚强团队,是团结的力量让它们共同达到了目标。

这个道理一样适用于职场。个人的力量是有限的,集体的力量是无穷的,只有把个人融入到集体中,才会发挥出自己的优势和能力。任何一个人,只有与大家合作,才能完成那些远远超出个人能力范围的工作任务,团队才是更好地体现自己价值的所在。人是社会性动物,任何人都不可能离开集体而生存,一个优秀的员工总是一个具有强烈的团队合作意识的人。他们会和团队成员相互依存、同舟共济，相互信任、真诚相待，相互帮助、互相关怀从而共同提高、共同进步。

"一根筷子轻轻被折断，十根筷子牢牢抱成团"，这个比喻很形象地告诉了我们团结是多么的重要。一个优秀的员工，知道不可能通过单打独斗来完成更多的工作，只有把自己融入到集体中去，才能集众人之所长，把工作做好，只有互信才能够提升团队合作的品质。正如李嘉诚所说的那样："与新老朋友相交时，都要诚实可靠，避免说大话。要说到做到，不放空炮，做不到的宁可不说。"更重要的要以一种光明正大的态度对待大家，尊重每一个人。因为每个人都有受人尊重的愿望，他们希望自己能有更多的表现自己的机会，让更多的人知道自己的价值，如果你能够尊重他人的这种愿望，尊重他人的这种想法，就会产生一种和谐的力量，让自己真正成为团队的一员。

理解与信任不是一句空话，我们要主动营造相互信任的团队氛围，只有这样才能让工作更顺利。在工作上与同事相互鼓励、相互帮助，在大家最需要鼓舞的时候，要不惜自己的力量去帮助他们。因为我们每个人都是团队的一分子，都肩负让团队更强大的使命，能够和所有的人协作完成任务，是优秀员工的责任，因为协同合作会让团队更融洽。

王仁是一家企业的负责人，在一次招聘时，王仁发现一位履历和表现都很突出的年轻人，这个人一路过关斩将，直到最后一轮小组面试，他的成绩都是第一名。可他在最后一轮的面试中，总抢着发言，在他咄咄逼人的气势下，其他面试的人几乎连说话的机会都没有。最后，王仁并没有选择他，因为王仁觉得，尽管这个年轻人个人能力超群，但他却明显地缺乏协同合作的精神，这样的人对企业的长远发展没有益处。

协同合作是一个优秀员工必备的素质之一，一个高效率的团队需要协同合作的精神，只有具有协作精神的员工才能使团队成为高效率的工作集体。所以一个优秀的员工，不会忽略这一点，自然不会像故事中的那个年轻人一样，总是表现自己，突出个人主义。但也有许多人对于团队的力量有所怀疑，认为没有所说的那么强大，于是在工作中就会缺乏团队意识。所以，在工作中，如果希望自己成为最优秀的员工，一旦发现自己缺乏团队意识，就要逐步培养自己的团队精神，逐步让自己的优秀员工之路越走越长。但这也不是一朝一夕就能养成的，这需要一个长期的潜移默化的过程。

小王所在的公司，组织员工进行野外训练，小王就是其中一员。小王平时就是一个我行我素的人，总觉得自己的能力很高，公司的同事都不及自己，所以平时也就不把集体当回事。可这一次的训练，却让小王改变了自己的看法。训练中有一个项目，就是要求每个队员都要翻过一堵两米高的水泥墙。这对于每个人来说，都是不可能的。因为水泥墙上没有任何可以借力的地方，从上到下，光溜溜的，不要说翻过去，就是爬上去都不可能。对于小王来说，这更是难上加难，因为小王有恐高症。

看着光滑的水泥墙，大家开始想办法，最后决定由男同事做"地基"，女同事站在男同事搭起来的"地基"上，这样高度就够了，可以爬过去。在所有人的相互协作下，大家一个一个地爬了过去，留下两个身手最矫健的男同事最后通过。到了最后一个人的时候，大家在墙上搭起了人梯，最终战胜了那堵看起来"不可一世"的水泥墙。取得了最后的胜利，整个团队响起了雷鸣般的掌声。小王也从这次训练中明白了团队的意义和重要性。

团队的力量之所以大于团队成员的个人力量之和，就是因为他们彼此合作的结果。反之，如果一个团队的成员各顾各的，就像一盘散沙，团队的力量一定会远远小于成员的力量之和。所以，要想成为一名优秀的员工，首先就要树立团队意识。正像故事中所说的那样，一个团队的胜利关键取决于发挥每个员工的协同效应，依赖于员工与员工之间的良好的合作。很多时候，自己对一些工作是不是觉得遥不可及，认为自己根本就没有能力完成？但是依靠团队的力量，你就会发现，其实那些看上去很难的事，只要大家齐心协力，完全可以办得到，同时还会觉得自己还是很棒的。优秀的员工总能认识到这一点，和大家荣辱与共，众志成城，心往一处想，劲往一处使，最终使自己在职场中立于不败之地。

将MVP之路进行到底

同在一个单位、同样的学历，为什么有的人总是业绩更好、工资更高、待遇更优、进步更快、更能够获得领导的信任？为什么总有一部分人比别人优秀？优秀有什么特质？如何使自己成为一名优秀员工？这是许多公司员工都在思考的问题。工作好，人实在，这还远远没有达到一个优秀员工的标准。一个优秀的员工，还需要更多的东西。

"世界上最好的工作态度就是主动"。任何一项工作都需要自动自发的态度，也只有以这样的工作态度对待工作才是正确的，才能帮助我们顺利地完成任务。优秀的员工有严格的做事标准，这些都是他们自己设定的，而不是别人要求的。有这样一个故事：

一个偏远山区的小姑娘到城市打工，由于没有什么特殊技能，她选择了餐厅服务员这个职业。在常人看来，这是一个不需要太多技能的工作，只要招待好客人就可以了。许多人已经从事这个工作多年了，但很少有人会认真地投入这个职业，因为这看起来实在没有什么需要投入的。但是这个小姑娘却不这么想。她一开始就表现出了极大的积极性和耐心，完全地投入到了工作当中。一段时间以后，她不但熟悉了经常来用餐的客人，而且掌握了他们的口味，只要客人光顾，她总是千方百计地使他们高兴而来，满意而去，这也为她赢得了客人的称赞，同时也为饭店增加了营业额，因为她总是能使客人多点一两道菜，并且在别的服务员只照顾一桌客人的时候，她却能独自招待好几桌客人。领导逐渐认识到了她的才能，认为她工作认真积极，而且全心全意，于是提拔她做了餐厅主管。

要想让自己更出色，就应该像那个女服务员一样，只有自动自发、积极主动地工作才可能实现。一个优秀的员工不只是为自己的薪水工作，而是为自己的未来工作，自动自发地工作，是他们能够出色的关键，同时也体现了他们工作的态度。但只是把自己的本职工作做好，这只是基础，光做到这一点还不够，还要对工作尽责，对公司尽忠。没有哪个老板不喜欢对公司忠心耿耿、死心塌地的员工。事情得靠自己，不要把自己的希望寄托在别人的身上。真诚地对待每一个人，真诚地对待自己的客户和工作，就像下面故事中的主人公一样，通过一点一滴的积累，最终成就了自己的优秀员工之路，将自己的MVP之路进行到底。

单晓，某邮电公司分销事业一部副总经理，曾多次获得各类奖项和称号：1996年被评为邮电部直属机关先进工作者和中国邮电器材总公司直属机关优秀党员；1997年获得中央国家机关优秀青年称号；2006年被评为丰台科技园区的优秀青年企业家；2008年、2009年被评为中国邮电器材集团公司优秀经理人……已经在营销管理领域奋斗了十几年的单晓，可以说绝对是一个典型的优秀员工。那么他是怎么从一个普通的学生逐渐成长为优秀员工的呢？"做事要脚踏实地，成绩要一点一滴积累"，这就是单晓的秘诀。

大学毕业后，单晓被分配到某邮电器材北京公司当业务员，最初销售BP机，后来销售大哥大，他踏实肯干，工作认真负责，勇于创新，很快就被提升为部门负责人。后来，他结合公司和市场实际情况，不断为公司提出新设想、新建议，与广大职工奋战在一起，显示出了一般年轻人少有的杰出领导才能和管理能力。

2008年，单晓到公司分销事业一部任副总经理，分管LG、索爱、夏新品牌的营销。当时分销事业正处于关键阶段，整体销售不容乐观，他分管的品牌又面临新品短缺、厂家关闭、老产品收尾等诸多问题。为此他重新组建团队，与团队人员一起走访厂家、研究市场，关注终端销售情况，制订合理有效的销售策略和计划，为分销事业一部当年的经营工作作出了突出贡献，实现利润4 272万元，占全部利润的30%。

在单晓的眼里，工作总是第一位的。他还以身作则，禁止以权谋私。同时，他为了责任，工作起来很拼命。一次，单晓得了间歇性哮喘，最严重的时候话都不能说，但他还是与项目组人员连续奋战了几天几夜，废寝忘食，几经讨论、修改，拿出了一份合格的投标书，最终击败对手，拿到了项目。他说："我自己的病痛与公司获得的利益相比，太微不足道了。"

这就是优秀员工之路。无论在什么公司，也不管是什么行业和专业，优秀员工总是有着和单晓一样的特质，这些特质与他们从事的工作无关，完全体现在个人的工作态度上。这也正是作为优秀员工所必备的素质，也是将个人MVP之路进行到底所必需的条件：

1．乐于承担更多的责任。当你对自己的工作和公司负责的时候，你就会认真对待工作，努力做到最好。优秀的员工，总是主动要求承担更多的责任或自动承担责任的那些人。

2．全心投入工作。"只有投入才会有产出"，工作需要投入而且是全身心地投入。一名优秀的员工，总是具有热忱而饱满的精神，把工作当做自己的事业，具有非做不可的使命感，凡事用心对待，切实做到用心去做每一天中的每一件事。

3．把敬业当成习惯。很多人认为，只要把分内事情做好就行了，当接到额外工作时总是不高兴，不愿做额外工作。而优秀的员则会尽心尽力完成每一件事，除努力做好本职工作以外，还要经常去做一切分外的事，并且通过这样的方式来保持斗志，在工作中锻炼自己、充实自己，使自己尽快成长起来。

4. 有积极主动的态度。优秀的员工总保持着积极乐观以及谦虚的心态，他们经常面带微笑，心情开朗。关键的一点是，他们"不为失败找借口，只为成功找方法"。

5. 时刻牢记公司利益。优秀的员工总是把公司的利益摆在首位，在工作中无论做什么事情，都要尽量避免浪费和失误。而且，他们向来都对公司的机密守口如瓶。

6. 为工作设定目标，并全力以赴地去达成。优秀的员工从来都是第一天准备第二天的事，每一天的事都为将来作准备。机会永远都是给有准备的人的，也只能给那些优秀的员工。

7. 遵守准则，用心做事。教育家邹韬奋说过："自觉心是进步之母，自贱心是堕落之源，故自觉心不可无，自贱心不可有。"优秀员工都有一个相同的特点，工作自动自发、全力以赴。

其实每个人都可以成为优秀员工，只要认识到自己的不足，并且肯努力，下定决心向优秀员工的标准努力，通过一点一滴的积累，不放弃，坚持到底。那么，工作中的那些难以忍受的各种各样的"痒"都可以迎刃而解，下一个机会，就是你的。